野狗之丘

劉克襄 著

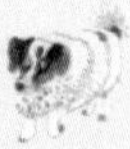

目次

新序

野狗與我

這是二十年前的觀察紀錄，遲了許久才結集出版。

為何一個故事會耽擱，掙扎如此之長久，主要是觀察過程裡，悲傷大於歡樂。我偏好忠實敘述見聞，不喜歡在描述動物故事時，帶給讀者太多負面情緒。但現實世界總是有許多意想不到的事情發生，縱使是野狗亦然。因為過程裡太多震懾的場景，所有紀錄便延緩整理，直到我消化了十年，覺得自己能撫平情緒時，才逐漸爬梳為一個較圓滿的內容。

這個日記體形式的寫實紀錄，儘管不能照著夢想中的動物故事藍圖進行，但總是希望能努力維繫著，年少時美好結局的想像，至少還存在著一絲希望。而自己也能夠透過長時的觀察方式，精準地描述野狗的常見行為。同時還能分享更多正面力量，以及願意更熱情地善待動物。

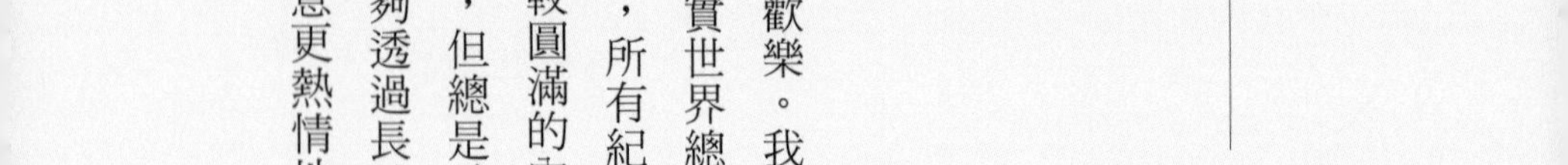

另一個決定出版的重要原因，更在於人們對待野狗的態度。儘管日後政府規定，家狗都需要植入晶片，善待狗的法規也不斷修正，但虐待、毒殺野狗的負面新聞，仍不時見報。許多播報野狗噬咬或威嚇路人的角度，常把野外的狗當作壞蛋般的可怕，卻未從本質觀看，了解箇中原由。

如今這部故事報導又要重新校對出版，同時翻譯為韓文版，意義當然更加重大，我也手繪主要野狗身形，還有分布地圖，希望藉此機會，以嶄新的排版設計，再次分享個人的野狗觀察經驗。或許現今都市的繁忙街道，不容易看到野狗徘徊，但許多郊野農村，棄狗的問題依舊嚴重。野狗的行為繼續被誤解，許多虐待狗兒的不人道事情也持續發生。動物生存權經過多年的宣傳教育，顯然無法達到有效的改善。

一個作家能做的有限，但我盡力分享自己的經驗，希望透過對狗兒細膩的行為描述，大家能改變對野狗的偏見。我描述的不止是十幾隻野狗的個別存亡，還有各自的習性。主要還是想透過牠們的一生，讓我們更了解野狗在城市環境，因了各種階段和不同生活環境下，會面臨何樣的挑戰。牠們如何避開危險，又或無法度過難關。

我在台北邊陲，這一個小社區觀察的野狗故事，相信也是許多人在他們家鄉會遇到的狀態。雖然不同地區有不同文化和生活背景，但從尊重動物生存的權利出發，才是正確的途徑。

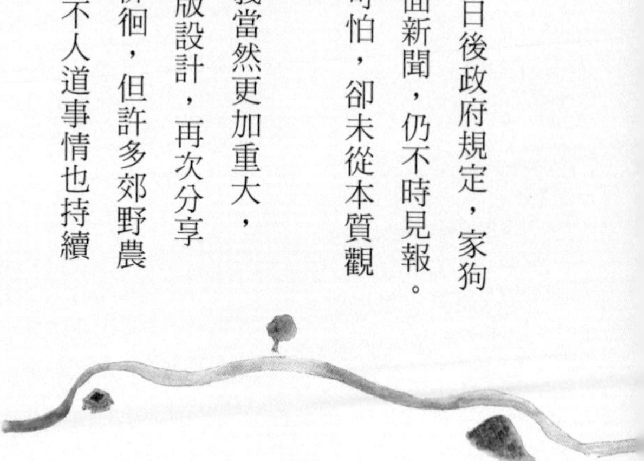

其實，牠們就像被我們遺棄的孩子，流浪街頭，因為缺乏照顧，有時不免像不良少年般使壞，但多數時候是自卑沒有自信的，需要更多溫暖、友善的照顧。

透過多樣不同角度，我們認識愈深入，才能建立對野狗的充分理解和關愛，甚而尋求解決棄狗的問題。而我始終以為長期觀察，積累各種數據，仍是了解牠們在不同環境產生的行為，進而思索解決之道的最好途徑之一。

我和野狗的關係也不會因這本書而結束，只要有機會，時間和地點對了，我還想跟牠們長期互動。在城市生活裡，尋找另一種新的自然關係。

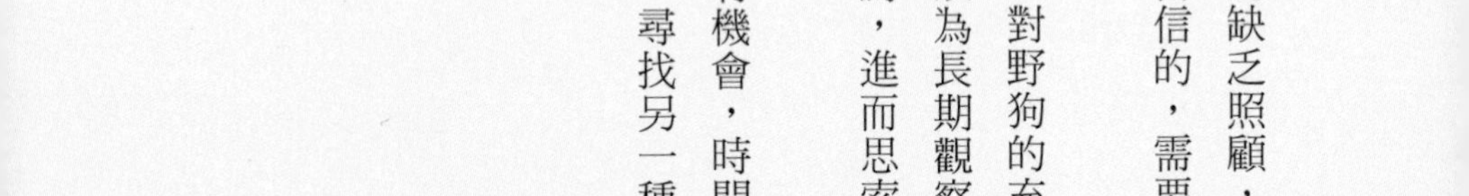

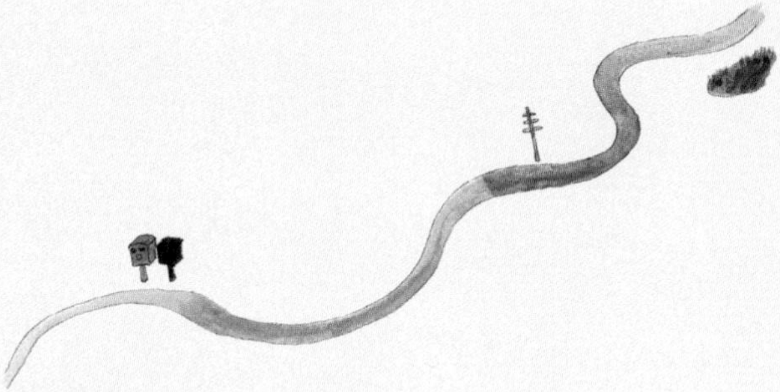

這是一個發生於上個世紀末的故事，那時垃圾不落地政策尚未實施。

謹以此紀念一座城市尚未開始大量捕殺流浪狗以前，

一群野狗的生活故事。

主要野狗

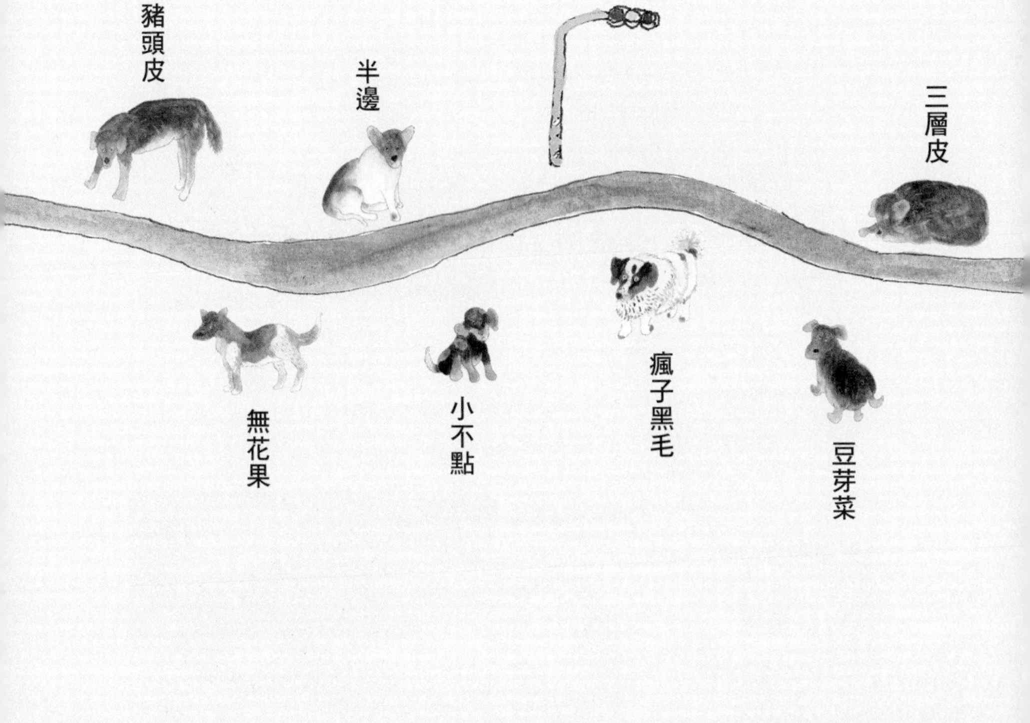
豬頭皮
半邊
三層皮
瘋子黑毛
無花果
小不點
豆芽菜

主要野狗介紹

小冬瓜
母狗，體型矮小，類似臘腸狗。

豬頭皮
公狗，近似日本紀州犬，三口組成員老大。

馬鈴薯
公狗，土狗樣，小冬瓜的孩子。

三層皮
公狗，土狗樣，三口組成員之一。

小不點
公狗，馬鈴薯的弟弟。

桔子
母狗，土狗樣，三口組成員之一。

豆芽菜
母狗，類似獵兔犬，很會吠叫，一度為野狗，住在釣魚池附近。

大青魚
母狗，近似牧羊犬。

蛋白質
母狗，頭全黑，身軀白底帶黑毛，摩托車店的家狗，體型近似小冬瓜，後來被遺棄。

無花果
母狗，近似杜賓狗，體型略小，和大青魚一起被遺棄。

半邊
蛋白質在巷口的夥伴。

瘋子黑毛
公狗，頭多黑毛，身軀白底帶黑毛，身材矮胖而粗壯，喜愛到處遊蕩。

主要野狗分布圖

①小冬瓜
②馬鈴薯
③小不點
④豬頭皮
⑤三層皮
⑥桔子
⑦豆芽菜
⑧瘋子黑毛
⑨蛋白質
⑩半邊
⑪無花果
⑫大青魚

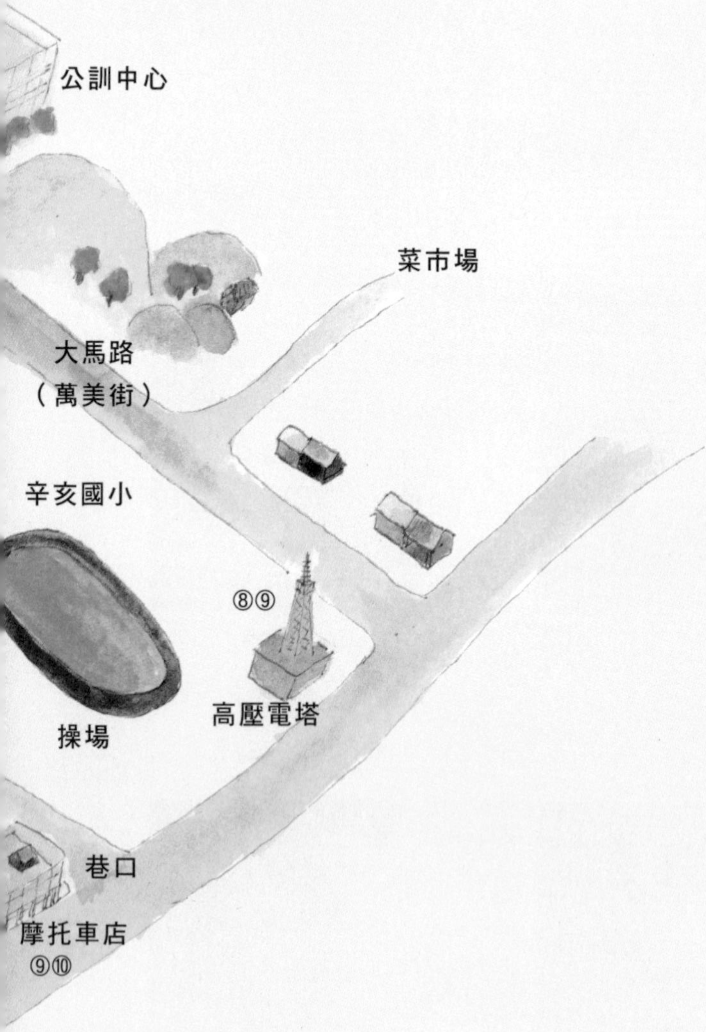

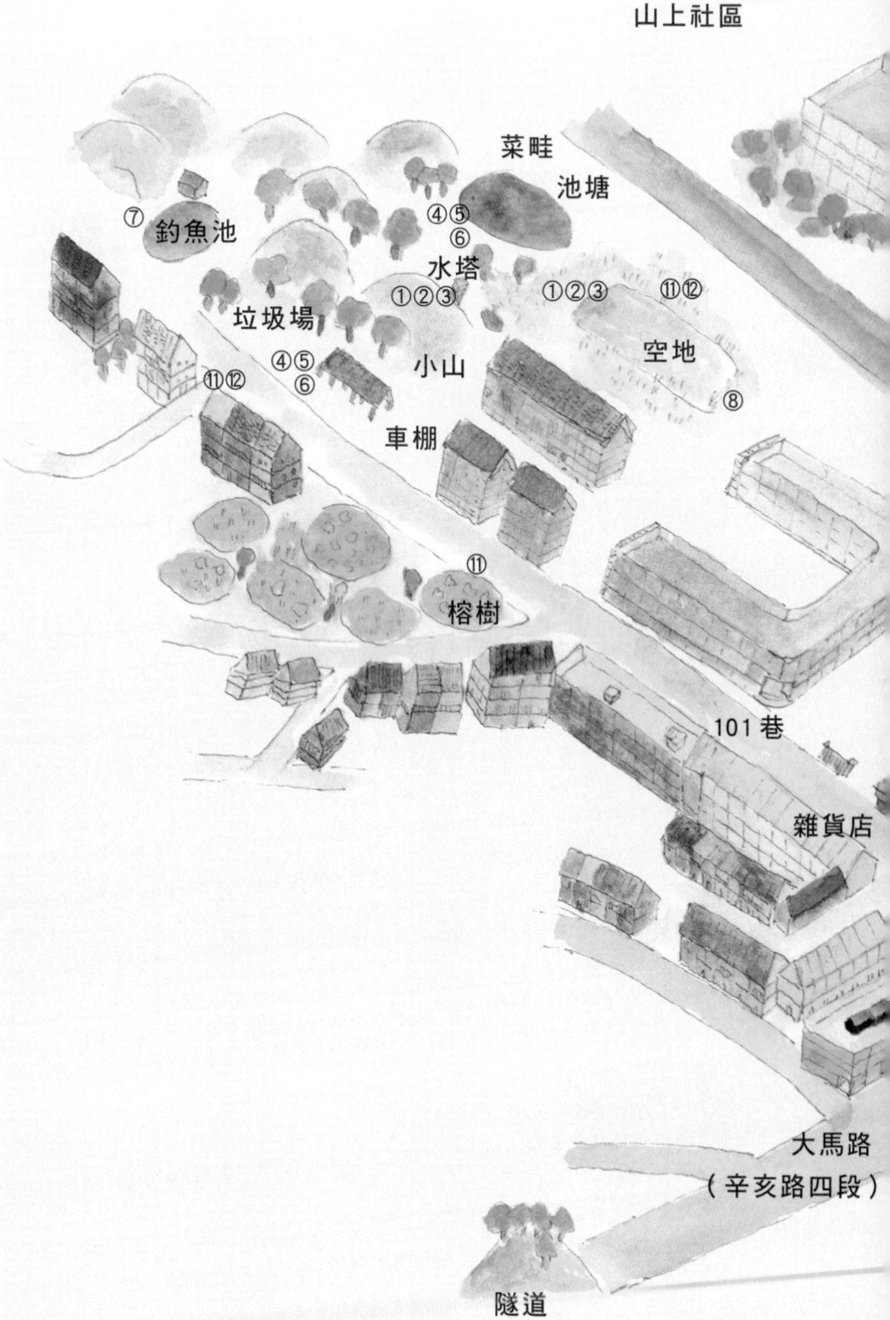
山上社區
菜畦
池塘
⑦
釣魚池
④⑤
⑥
水塔
①②③
垃圾場
①②③
⑪⑫
空地
④⑤
⑥
小山
⑪⑫
⑧
車棚
⑪
榕樹
101巷
雜貨店
大馬路
（辛亥路四段）
隧道

第一章　美好的小山生活

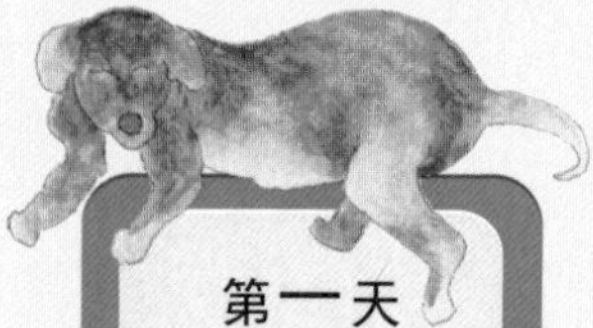

第一天

1月

冬日清晨，朦朧的薄霧裡，一隻瘦小的黃狗，孤單地穿過森林隱密的小山，靜悄地走到山腳的垃圾場。

牠帶著狐疑的眼神，觀望了一陣，迅即接近垃圾場。垃圾場位於窄小的巷子底，旁邊的小山，主要以相思樹林為主。人們給巷子編了號碼，一〇一巷。垃圾場總是堆積著許多髒亂的廢棄家具。

瘦小的黃狗叫小冬瓜，背脊的皮膚露出大面積的紅斑。一般獸醫若是診治家狗，看到這種外表，都會善意地提出警告。他們往往如此研判：若不醫治，這處潰爛的傷口將不斷地蔓延，最後拓展到整個背部，乃至全身。這時牠會像癩痢狗一樣，全身像燙過了熱水，脫了層皮，到處紅腫，只剩下稀疏的體毛。然後，身體迅速地羸弱，邋遢地病死。

黃昏時，社區的居民固定把垃圾、廚餘拎到這兒丟棄。夜深時，垃圾車才轟隆到來，匆匆地清理垃圾後，再倉促地離開。除此，很少有人會在這兒久留。

對許多野狗來說，這種環境食物最不虞匱乏，也是重要的覓食場。一如人們最愛集聚的傳統菜市場。牠們以垃圾場為生活重心，鎮日在這裡徘徊，甚至就滯留附近，集聚成小群生活。小山便是許多野狗棲息的家園。

小冬瓜已經在小山滯留了一段時日。牠的眼神充滿不信任，全身緊繃，只要有人接近垃圾場，就迅速遠離，溜回山上。牠也和巷子裡的野狗保持距離，彷彿有某種隱情，不想和其他野狗為伍。

抵達垃圾場時，恰巧有兩隻偶爾也出現的野狗，在垃圾堆吃東西。小冬瓜寧可站在旁邊等候。等牠們用完餐，離去了，再慢慢地挨近。

牠用前腳迅速地翻撥食物，似乎先前就斷定了，食物在哪裡。找到食物，便迅速地吞咬，彷彿許久未進食般。奇怪的是，囫圇吞後，又急切地想離去。

一隻和牠體型同大的母狗蛋白質，從容地出現了。蛋白質住在一〇一巷巷口的摩托車店裡，日子過得悠閒，平常愛隨處亂晃。沒事還會對路過的，感覺不對的車輛追吠，非常惹過路人討厭。

小冬瓜並未躲閃蛋白質。牠們用鼻子互聞，似乎有著某種生活的共識，只有牠們才能理解。那互聞也透露了許多訊息。其中之一，蛋白質知道小冬瓜生小狗了。另外，彼此也在互聞中相互打氣吧。

我們人類可能沒有這種預知的本事，卻有另一個簡單的辨識方法，仔細注意母狗的肚腹就一目了然。這時，小冬瓜肚腹下方的乳頭是腫脹、粉紅而下垂的。

蛋白質並沒有吃任何東西。牠似乎只是想出來遊逛，找一些樂趣似的。這大概是多數家狗的特性。很像一些有錢有閒的貴婦，吃飽飯沒事做，外出購物般。蛋白質在巷子裡東聞西嗅，尋找新鮮、好玩的有趣事物。小冬瓜回山裡時，蛋白質並未尾隨，兀自神采奕奕地，繼續沿著巷道蹓躂。

小山不高，最高點不過海拔六十公尺。小冬瓜暫時把牠的住家安置那兒。一處居高臨下的平緩台地。一對倖存下來的小狗，就窩在那兒。一白一黑，分別叫馬鈴薯和小不點。

為什麼只有兩隻呢？我們大致可從食物和疾病的角度，做一綜合研判。

通常，一隻野狗沒有多少食物可吃，營養不良下，很難像家裡的母狗，一胎八九隻，甚至十來隻。但少說也該有四五隻吧，若剩下兩隻，一定是小狗群在生長過程裡遇到了麻煩。

在野外什麼事都可能發生。譬如，隨便一個皮膚的傳染病，很可能就導致危害。

氣候也是一個重要因素，只要來個寒流，小狗有可能受凍或挨餓，迅速死亡。又或者，初次懷胎的母狗，不懂得照顧，或是來不及提供充裕的奶水，都可能讓小狗無法存活。

質言之，原因太多了，以致於不適合，也沒有意義，朝此一方向，深入討論小野狗的死亡問題。無論如何，這兩隻倖存下來，而且是在寒冷的冬天時期，那意味著，兩隻小狗想必是活得健壯，有著堅強的生存毅力了。

事實呢？卻有一些不盡然吧。當小冬瓜接近巢位時，牠們起身搖尾迎接，就清楚看出端倪。站出土坑搖尾的是馬鈴薯，看來精瘦結實。但瘦弱許多的小不點只是略微抬頭，用前腳撐著

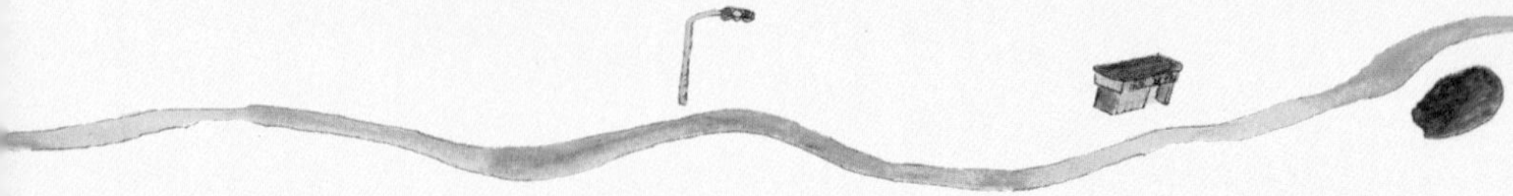

身子，似乎連抬起後腳的力量都沒有。

牠們的模樣不會超過兩個月大，若是一般家裡的小狗，這時長相肥胖，最是可愛活潑。到處亂跑亂鑽，惹事生非。隨便丟個球過去，都會把球當成玩伴或敵人，一下子躲閃，一下子攻擊它，整天就繞著球團團轉。

野外的小狗根本沒有這種快樂的童年，若有也很短。多半時候，腦海浮昇的恐怕都是如何填飽肚子的想像。整天都待在土坑裡，保持體力，設法不讓自己虛弱下去。

小冬瓜一回到土坑，馬鈴薯便迫不及待地湊上前，彷彿餓了好幾餐，緊咬住一個乳頭開始猛吸。小冬瓜似乎被咬得有些疼痛，還幾乎站不住呢。那小不點也慢慢地趨近，好不容易挨著另一個乳頭，仰著頭，忘情地吸吮起來。

馬鈴薯的體型比小不點壯碩許多，足足大了三分之一。可見，在前些時吸奶的過程裡，小不點一定受到馬鈴薯不少的欺負，或是根本搶不到足夠的奶水喝。

牠們棲息的凹坑，上方有隱密的林子遮護著，擋住了冬天的連綿細雨，卻無法晒到陽光。還好，乾燥的凹坑冬暖夏涼，成為溫暖而舒適的窩。尤其是寒流來襲的這個時節，更成為小狗避寒的好所在。

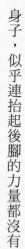

除了凹坑的特性外，小冬瓜為何選擇山頭居住？大概那兒居高臨下，適合展望、嗅聞空氣都有關係。但這時其他野狗都躲到較為溫暖的街弄去了。譬如，有的會選擇人家剛熄火的車子，蹲在排氣管下方取暖。也有的，就近於垃圾場，一起窩在紙箱裡。縱使是一般流浪的母狗生小孩，有的也會選擇溫暖的住家角落。小冬瓜的選擇，毋寧是與眾不同的。除了不想受到干擾，能夠安心地照顧小狗外，猜想個性謹慎，野性較強都是原因吧。

天色有點陰冷，小冬瓜不會再下山。牠知道山下現在要找到食物已經不容易。要等到黃昏以後，才會有人再出來丟垃圾。以前還沒有養育小狗時，牠常到巷口。那兒有好幾家飲食店，譬如賣麵的小吃店，早餐店，以及自助餐店等，飲食店後面的巷子，總是能找到一些被丟棄的食物。只是小狗還小，必須隨時照顧。目前的狀況，巷口對牠，有些遙遠了。

小冬瓜已近三歲，關於牠的身世，野狗嘛，大抵說來，幾乎不可能從遠古祖先就是野狗，這樣的代代相傳。很可能上上一代，或者上一代就是家狗。甚至，自己本身就是，只是後來遭到遺棄。這種野狗裡的棄狗，恐怕才占最多數呢。

至於，一隻棄狗的心理，因為棄養的原因不同，往往會造成牠日後成為野狗時，形塑個性的重要因子。若受到很大的打擊，大多會喪失信心。我們在街上看到的棄狗，便常有一種猥瑣，毫無信心的神情。總是走在街角，躲閃著人。連三歲小孩都害怕。若是一般照顧得很好的小狗，縱使是兩個巴掌大的博美犬，走起路來常抬頭挺胸，理直氣壯的形容，彷彿整條街都是牠的天下。

小冬瓜的母親大概是一隻棄狗。牠出生於附近一個社區旁邊的傳統菜市場。一歲時，在捕狗大隊掃蕩下，胡亂地逃竄，意外地流浪到小山附近。這是牠第二次生小狗。第一次也在小山，但全部染病死了。這次，牠依舊在半山腰生小狗，只是小狗能走動時，就帶到山頭去了。倖存的兩隻小狗跟牠一樣，都患有皮膚病。

小冬瓜選擇這處視野和通風良好的環境，可見依舊保有野狗祖先原始而機警的性格。小山山頭很少有人類出現。只有一回，一個荷鋤的中年人出現了。

他住在垃圾場旁邊的某棟公寓裡，每天翻過鞍部去另一邊的山腳種菜。這種人其實不少，可能剛剛從某個工作單位退休，但年紀也不是很大。大隱於市，寄情於菜畦的耕作。

我們姑且稱此人為菜農。那天，菜農不知為何，繞出山徑到山頭來巡視，

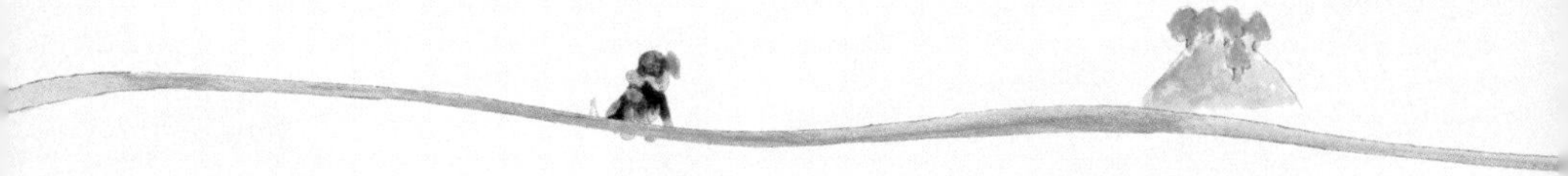

可能是要找看看有無藥草。結果，驚起了睡夢中的小冬瓜。小冬瓜遠遠就聞到那人的味道，站起來，機伶而緊張地，大聲「汪、汪」。

過不久，菜農愈接近時，小冬瓜有些害怕，改變成低吠的「唉、唉」聲，轉而調頭離去，從一處較為險峭的土壁半跑半滑下山。兩隻小狗聽到低吠聲，也本能地一個骨碌，翻離土坑。奮不顧身地尾隨其後，連滾帶爬，消失於斜坡的草叢。

等菜農離去，牠們再爬回來。結果，回家的路程就辛苦許多。馬鈴薯還勉強跟得上母親。那小不點卻挫折連連，幾乎陷在半途的一處斷崖，還發出無奈的哀嚎聲。好不容易找到一處平坦的小路，鑽過一些蕨葉的草叢，才繞回土坑。小不點哀嚎時，小冬瓜只顧趴在土坑休息，毫不動心。

假如小不點沒回來，小冬瓜恐怕也不會過去幫助牠。

這是小不點自己必須做到的，假如牠無法達成，牠會和先前出生的兄弟姊妹一樣，喪命於林子深處。

第三天 1月

陰雨連綿兩天後，天氣終於放晴。一大清早，太陽就露臉，晒得大地升起了熱氣。山頭逐漸暖和後，小冬瓜帶著兩隻小狗，沿一處緩坡的小土路現身。這是小狗第一次下山。

牠們下抵小山入口的停車棚，和三口組會合。三口組成員裡，兩隻公狗分別是三層皮、豬頭皮，母狗叫桔子。豬頭皮是三口組的老大，有著日本紀州犬粗壯的身材，若有路人接近時，最先會發出吼聲的一定是牠。三層皮全身汙褐，比較接近一般台灣土狗，擁有胡亂混種無數次後的難看身形和笨拙形容。牠又略為肥壯，毫無討人喜愛的可能。牠也總是低垂著頭，悶不吭聲，不太愛理任何狗。似乎被遺棄時，遭遇過很大的打擊，完全喪失對人的信任。

桔子長相則近似一般土狗的平常，但灰白的身子，遠看優雅許多。牠彷彿也沒什麼主見，只是緊跟著另外兩隻。前陣子，牠生了六隻小狗，好不容易三個月大，全部被捕狗大隊捉走。三口組一直把垃圾場視為領域範圍。任何陌生野狗接近，都得經過牠們的審視。

車棚裡，還有一隻綽號叫瘋子黑毛的野狗，全身白底帶黑毛，矮胖而壯碩，蹲臥在遠遠的另一端休息。牠出現的時機很不穩定，活動範圍寬廣，有時也會在巷口出現，甚至跑到遠方的一處菜市場。不像三口組，大多在垃圾場附近活動，牠總是獨來獨往，似乎還找不到安定的理由。

三口組當然認得小冬瓜，看到小狗一起出現，不會像遇見陌生的流浪狗一樣，帶著狐疑眼神。牠們繼續趴著，享受難得的晴天暖陽。小冬瓜將小狗帶到另一邊，陽光略微照射得到的位置。小狗們又餓又累，似乎下個山都用盡了力氣。一趴下，沒多久就熟睡了。小冬瓜走到垃圾場覓食。

兩隻小狗看來都相當汙濁。馬鈴薯身上因到處磨擦，白底的身子呈現骯髒的暗褐色，而且還滿布紅斑，明顯地受到母親的遺傳。小不點更是可怕，一副營養不良的瘦小身子，遠看還真像一隻中了毒，行動緩慢的瘦小田鼠。

這對兄弟長相南轅北轍，很難判斷父親是誰，或者身上流著哪種狗族的血液較多。小冬瓜和牠們差別甚大。若只憑小冬瓜身上的暗黃色，實在難以想像，這對兄弟是牠的孩子。

小冬瓜在垃圾場吃完食物後，回到車棚下，兩隻小狗又靠上來吸奶。馬鈴薯仍然搶先，進占最好的吸奶位置，小不點窩到另一角，擠出一處空間，仰頭啣奶。餵飽後，牠們再小睡一陣。不時有蒼蠅飛繞，停在牠們身上。牠們身上幾塊潰爛的紅斑，猶如垃圾場的腐肉。小冬瓜睜大眼，似乎想吃掉蒼蠅般。馬鈴薯數度驚醒，翻了好幾回身子，想要以腳掌揮掉這些飛蟲，卻毫無能力。小不點始終熟睡，似乎放棄了反應，只能任憑蒼蠅擺布。

未幾，對面住家有人出現，進入車棚，準備開車。三口組紛紛起身，遠離車棚。

瘋子黑毛早已不知去向。小冬瓜也機警地翻起身，再度帶著小狗爬回小山。

兩隻小狗尾隨在母親身後。馬鈴薯繼續緊跟，小不點努力地在後頭追趕。小山坡度緩和，牠們還跟得上腳步。

回到土坑後，或許是睡飽了，小狗難得不再繼續窩進那兒睡覺。馬鈴薯待在土坑外玩耍。牠咬了一下旁邊的腎蕨草叢。那野草的滋味，讓牠有種莫名的美好，但還無法咀嚼。只是亢奮地繼續啃咬，把一株腎蕨，弄得有些凌亂，掉了許

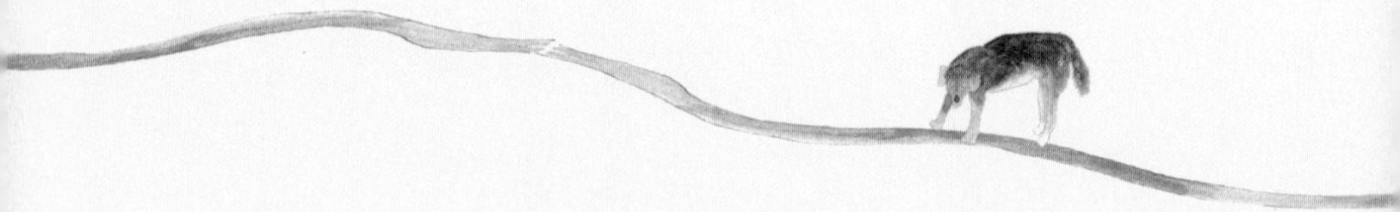

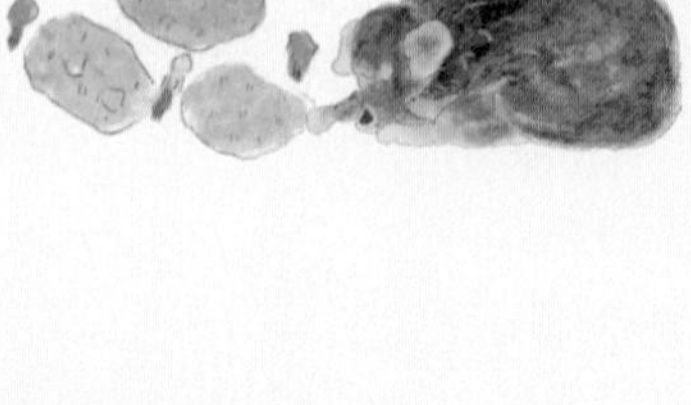

多葉子。小不點在土坑裡看著，眼神依舊茫然、呆滯，似乎很困惑。最後，還是睡著了。

馬鈴薯沒玩幾下就疲累，溜回土坑準備吸奶。小冬瓜並未答應，兀自睡著。牠無奈地睜著眼，看著前方的林子，逐漸也想闔眼。睡夢間，突然，一片枯黃的大葉子飄落下來，掉在牠的前面不遠處。那是油桐的葉子，先前已經掉落一些。輕輕的碰觸聲，驚動了牠。牠張開眼，隨即又閉眼，深深地熟睡了。

油桐葉掉落，林子上層又露出一小塊白亮的天空。再過一陣子，只剩一些枯枝，點綴著蔚藍而清亮的天空。土坑周遭則鋪滿枯葉，牠們踩過小徑的落葉時，地面會發出輕脆的吱喳聲。

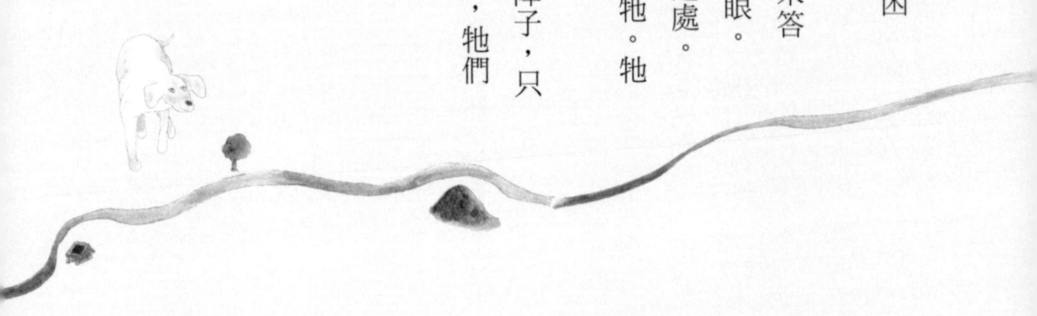

其他野狗出現巷底的垃圾場時，三口組就遠遠地盯著。有時，甚至貼近到旁邊。多數野狗從三口組的神態，便知道自己是否受歡迎，能不能在這兒久留。遭到冷漠看待的，往往識相地快速離去。如果，牠想嘗試逗留，首先得端視豬頭皮的態度了。豬頭皮一發聲，另外兩隻自然會跟上。

最糟糕的是被威嚇離去的。通常被威嚇的，有兩種類型居多。一種是尾巴高揚，裝老大樣子的。去年有一隻生了皮膚病的大狼狗，無意間現身時，便是這種老大類型，由於體型龐大，再加上老是低著頭，橫行於街上，根本漠視其他狗的存在。

這個舉動不但引起三口組的圍吼，連巷子最底端一處釣魚池的看門狗，豆芽菜，竟也不自量力地衝出來吼叫。那種集體圍攻，威嚇的囂張力量，彷彿全權代表了一○一巷的家狗和野狗們，明顯地不歡迎大狼狗的到來。

可是，大狼狗依舊我行我素，毫不在意牠們從四面八方的接近，尾巴繼續如常地下垂，兩耳前傾七八十度。牠明顯地看穿了，三口組一夥最多只會如此威嚇而已。某種傳統狼犬訓練有素，嚴謹的身影依稀從這隻有些滄桑的大狼狗之神態展現。想來，牠以前恐怕也是見過大場面的，怎麼會在乎，這幾隻巷子內野狗的一般見識。牠大剌剌地走進垃圾場，找了一陣，未翻到什麼後，神態自若地離去。

三口組還真該慶幸，大狼狗未留下來呢。

另一種多半是迷路而驚慌，體型又非特別魁梧的野狗或家狗。這種狗一進入巷子，眼神若是惶恐不安，加上動作慌張，勢必會彆扭地引來在地野狗的欺負。

無論是何種狗，萬一遇見了當地的野狗，如果不想引發糾紛，最好的方法，就是保持謙卑的姿態。甚而在眼神或姿勢上，要流露一種對在地狗的尊敬。身子低伏，尾巴低垂，乃至走路靠邊。如此向在地野狗展示一款曖昧的卑微，才能安然而退。必要

三口組正在巷尾晒暖陽。

三口組威嚇進入垃圾場的其他野狗。

時，甚至得趴地，示弱地翻身，暴露自己的腹部，獲取在地野狗的信任。唯有如此，才可能博得較好的禮遇。

今天上半天出現的兩隻，剛好可以做為後一種被威嚇的案例。早上，先有一隻黑色的中型土狗，屁股下的坐骨部位，兩邊都有皮膚病。牠快步地走進垃圾場，看到三口組冷漠的眼神，識相地靠著牆邊，弓縮著身子，膽怯地慢慢向前。豬頭皮接近時，牠幾乎是趴在地面，仰望著尾巴高挺的豬頭皮，讓牠來回審視。等豬頭皮滿意了，才能待在垃圾場覓食。

中午時，一隻擁有臘腸狗血統的土狗，耳朵甚長，似乎才被丟棄，慌慌張張地繞了一圈，看到三口組，似乎想表示什麼。豬頭皮起身，皺著鼻子，露出高傲的眼神。牠不識相地靠過來，想要打交道。結果，還搞不清狀況時，三層皮和桔子一併衝過來，胡亂地修理了牠。牠被嚇得躲在牆角，又不知被誰咬了一口，哀叫連連，最後屁股緊緊夾尾，兩耳緊貼著後腦杓，身子低伏著地，兩腿一趴一蹬，倉皇地竄走。此後，不敢在一〇一巷出現。

這種陌生的接觸，還牽涉到所謂的溝通問題。野狗們不像人類可以透過語言了解彼此。當一隻狗和另一隻狗遇見時，憑藉的是互聞。透過互聞，兩隻狗間，明顯地傳遞了許多溝通的內容。牠們經由這種接觸，認知對方。這樣的互聞，加上其他的行為諸如叫聲、搖尾、豎耳，或者其他細膩的表情所發展出來的意圖，以及衍生的符號意義，都清楚地釋放了許多訊息。習於文字和講話溝通的人類，卻難以理解。

再者，有時也不必非得面對面。只要保持一個距離，彼此間即能心領神會。譬如，當一隻狗現身垃圾場，從腳步聲和走路的姿勢，其他野狗不必特別趨前互聞，大抵便知道，牠到來的目的和心情。許多獵人在野外經驗久了，多少能微妙地察覺到這種野生動物的情緒。他們對於自己獵區動物的心理狀態，常有熟悉的感應。相信過去的鳥占，大抵是從這種行為發展出來。外來者，有時真得相信這種說法，藉以避開噩運。

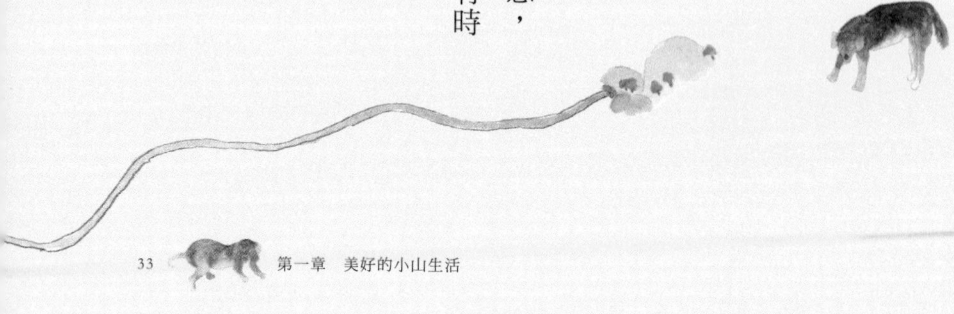

溫暖的冬天上午，小冬瓜決定帶孩子出遠門，進行更長的旅行。這回不止是到山腳下巷底的垃圾場。牠們朝小山另一邊下去。那兒有山上延伸下來的大馬路，萬美街，還有一塊緊鄰大馬路的空地。

當小冬瓜走往另一個方向，沿著陡峭的山坡下去時，兩隻小狗隨即敏感到，不一樣行程的可能。牠們興奮而緊張地尾隨在後。

山路明顯迎向一處開闊而明亮的環境，周遭流動著不一樣的清新空氣。牠們抵達一處廢棄柵欄的牆腳。牆腳剛好有一隻小狗的高度，小冬瓜輕易地跳上去，穿過柵欄。馬鈴薯勉強搆著牆頭，掙扎半天。撐上去了，繼續緊跟母親後頭，走向一處排球場大的空地。

但小不點並沒有跟上，再怎麼跳，也攀不著牆頭。牠有些哀怨，呆愣在牆腳等候。最後，眼看小冬瓜沒回來幫忙，只好乖乖地往回走，辛苦地爬回小山頭。

小冬瓜帶著活蹦亂跳的馬鈴薯，在空地邊等了一陣，確定小不點無法跟上後，帶著馬鈴薯繼續向前。這種冒險似乎意味著，母親期待小狗及早習慣獨立生活。小不點無法爬上牆腳，就必須自己想辦法。馬鈴薯能夠越過，證明了牠的適應力。

對才兩個多月的小狗來說，或許這樣的外出嫌早了。不過，就一隻野狗而言，能愈早獨立活動，生存的機率就愈大。

抵達空地後，小冬瓜刻意遠離馬鈴薯，忽地鑽入草叢，跑到一堆廢棄物裡尋找東西。空地旁邊矗立著一排公寓，有些人會將廚餘和廢棄的食物，直接從樓上丟到草叢裡。

馬鈴薯獨自在空地摸索，嗅聞、尋找。找不到母親，馬鈴薯有些慌張，但不時被奇形怪狀的花草，或者被某些廢棄的物品吸引，忘記了母親的消失。過了好一陣，小冬瓜再出現，端詳馬鈴薯的狀況。

當牠們又聚在一起時，遠方出現了兩隻狗。那是巷口的蛋白質和半邊，不知為何也蹓躂到此。半邊是隻小公狗，最近流浪到摩托車店，和蛋白質經常形影不離，從此就落腳了。牠們抵達時，小冬瓜和牠們互聞頭尾，接著就各自在空地上晃蕩。

這是除了三口組外，馬鈴薯初次和不認識的狗接觸。牠倒不畏生，或許是仗著母親的關係，試著去聞兩隻家狗。但總是小狗，兩隻家狗並未太理睬，兀自在空地上躺下來晒太陽。

馬鈴薯學著躺下來。陽光照得溫暖，牠跟其他家狗一樣，一邊理毛，不再靠到小冬瓜身邊。除了還需要小冬瓜的餵奶，馬鈴薯似乎已經具備一隻成熟野狗的行徑。譬如，先前來到這處陌生的空地，並不會驚慌。或者，面對其他陌生的狗，展現互聞的確認行為。又或者，躺下後，花了很多時間獨自理毛。

但馬鈴薯畢竟還小，更何況，牠的背脊還有潰爛的紅斑。躺沒多久，便開始搔癢。愈搔愈癢下，愈發生氣。翻滾了好幾圈。百般無助下，最後走到小冬瓜旁邊，央求牠幫忙。小冬瓜似乎頗能忍受背部的狀況，也了解馬鈴薯的痛苦。牠輕輕地幫馬鈴薯舔撫。未幾，馬鈴薯安靜地睡者了。

躺了一陣後，半邊和蛋白質往回走。小冬瓜起身，跟著牠們走往大馬路。馬鈴薯驚醒，好奇地跟到空地盡頭，那兒是隱密的草叢。小冬瓜雖沒有回頭，暗示牠不准再跟。馬鈴薯卻好像知道自己被限制，不准再往前。只得待在空地，等小冬瓜回來。

牠在那兒無所事事，等了好一陣。小冬瓜還是沒出現。結果，頭頂有一個小白影出現。原來，有隻紋白蝶飛來，起起落落。最後停棲在十字花科的野草。牠興奮地追上，那隻紋白蝶再次起舞，又不斷地尋覓，停降。馬鈴薯再追捕了好一陣。最後，衝到一處廢棄物堆積的小土堆旁。赫然發現，小土堆高處，不知何時出現了一隻虎斑貓。

馬鈴薯驚嚇到了，隨即鼓足勇氣，向牠威嚇。那隻野貓發現是隻小狗根本不理睬，緩慢地走下空地。馬鈴薯再向前。野貓很不耐煩，隨即以馬鈴薯從未料到的速度，迅快地回過頭，裂出大嘴，前爪也抬起，揮舞空中。如此一張牙舞爪的貓臉，再加上可怕的威嚇聲，嚇得馬鈴薯倒退一步，發出哀嚎，悲慘地夾著尾巴，嗚咽地躲入旁邊的草叢去。那隻野貓已不知去向，牠仍久久不敢出來。

過了好一陣，小冬瓜回來了，馬鈴薯才從草叢興奮地奔出，快樂地搖尾，趨向小冬瓜，繞著牠打轉。小冬瓜若有所思，似乎想到小不點。小跑往前，急著回家。馬鈴薯緊跟在後頭。未幾，牠們回到山頂，小不點竟然在土坑熟睡著。小冬瓜回來時，牠才驚醒，急切地要奶喝。

馬鈴薯反而沒和牠搶。第一次的旅行雖然只到空地，馬鈴薯感覺好像走了很遠很遠。上了小山後，疲憊地窩進小冬瓜溫暖的肚腹熟睡了。小不點則是第一次盡興地喝奶。

第六天

1月

三口組也常到空地活動。但三口組翻過小山時，並未走到山頂。牠們跟菜農走的路線一樣。上到稜線後，直接切到山腳的池塘和菜畦附近。牠們常在池塘觀望、喝水。再穿過草叢到空地，有時便在空地休息。多半時候，牠們還會繼續往前，跑到大馬路。

這條大馬路通往山上的社區，上下班時段，非常擁擠。大馬路兩邊的山坡住戶稀疏，車輛往來相對地快速。過去，不少野狗在橫越大馬路時，因為動作遲緩，不幸被撞死。對三口組來說，這條大馬路似乎是平時生活的邊界，牠們很少隨便穿越，逛到對面。

今天牠們卻有些冒進。原來，大馬路對面出現三四隻野狗，遠自菜市場遊蕩過來。那兒是小冬瓜以前生長的地方。三口組和牠們多半熟識。再說，若不認識，難得在非領域，近乎邊界的大馬路上碰頭，雙方不會為此爭吵，反而有一種有朋自遠方來，野狗式的寒暄。

三口組過了大馬路，和牠們相聚，互聞後，繼續沿著大馬路遊蕩，像青少年漫無目的地逛街。偶爾有行人、腳踏車接近時，牠們會主動地閃到另一角，再聚合。牠們知道這不是自己的地盤，在大馬路上蹓躂，遇見人，最好保持一段距離。

但俗話說，「一隻狗是聰明的，一群狗就愚蠢了。」如此一語中的的描述，或許可以描述這種野狗群的遊蕩狀態。牠們也不知要到哪裡，沒什麼目的和企圖。誰先誰後，都無所謂。

這種五六隻乃至七八隻野狗相聚的場合，往往十分短暫。走一段路之後，大約隱隱感覺離開居住範圍遠了時，會各自散開，折返自己的家園。這也是為何少有野狗二三十隻碰頭的場面。縱使要十隻以上的場合都很難遇見，只有在母狗發情時，或許還有機會出現吧。而那樣的相聚，時間就拉得很長，有時接連三四天，都會有一群狗發癲了似的形影不離。

三口組並未直接回到車棚，牠們進入空地後，無所事事地徘徊。豬頭皮帶頭爬上廢棄物堆上休息，三層皮和桔子跟上去。在陽光照射下，就賴在那兒打盹，各自消磨時日。過了好一陣，彷彿把身子都躺瘦、躺鬆了，才姍姍離開。

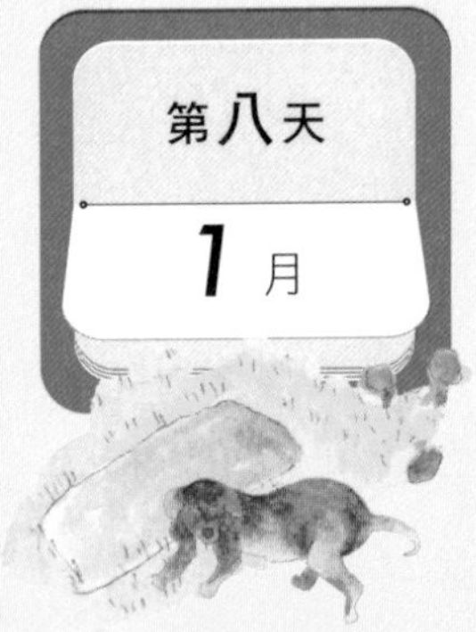

昨晨，小不點終於能爬過牆頭，興奮之情溢於走路的輕快之上，不時跑到前方，逗弄著馬鈴薯。小冬瓜帶著牠們兄弟進入空地後，挑了一塊舊汽車海綿墊，躺下來晒日光，理毛，搔養。或許，海綿墊特別柔軟而溫煦，牠們睡得很沉，連癢都未搔。中午，一隻灰棕色野狗出現，大概是從菜市場過來的。小冬瓜和牠互聞，交換訊息後，一起沿大馬路離開。沒多久，咬了一個紙製的便當盒回來。

小冬瓜咬著的時候，原本裡面還有一些米粒。穿過草叢時，紙盒被草葉絆住，全部漏光了。小冬瓜原本打算讓小狗們學習吃其他食物，這個計畫遂落空。

馬鈴薯看到飯盒，高興地上前咬了一會兒，嗅聞一下，察覺是個空盒，便放棄打開的慾念。小不點把它當成玩物，繼續追咬。未幾，小冬瓜站著餵兩隻小狗喝奶。這是小冬瓜最近慣常的餵奶方法。牠不再趴於地面。兩隻小狗各站一邊，爭咬著乳頭。小不點個子小，仰頭依舊辛苦，抬未多久，就得暫時鬆口，休息一陣，再艱辛地往上咬住。馬鈴薯則把小冬瓜的一端乳頭，用力地又拉又咬，弄得牠鎮日疼痛。最近餵食時，馬鈴薯的咬勁變成小冬瓜很大的壓力。

或許是長時不斷搔癢的關係，兩隻小狗裸露的肉色紅斑，竟比小冬瓜還要嚴重。牠們若走在街道，恐怕會被人視為可怕的小病狗。不少市民都生怕被野狗傳染某種怪病。遇見此一類型癩皮病的野狗出現時，往往二話不說，見狀便持棍子追打，兇狠地驅趕離開。甚至，惡狠狠地打死呢。

小冬瓜餵奶的時間並不長，小狗們明顯地快要斷奶了。餵完後，牠們回到小山。午後，再返抵空地遊蕩。大概是覺得海綿墊柔軟舒服，打算把那兒當成臨時的小窩。夜深以後，牠們便趴在海綿墊上，準備在那兒過夜了。

早上約莫八點左右，小冬瓜和孩子們從廢棄的海綿墊醒來。小冬瓜走到旁邊的水泥空地，伸個大懶腰。之後，趴下來，習慣性地用後腿搔癢。再用舌頭舔毛。兩隻小狗醒了，依樣畫葫蘆，學習母親的動作。儘管牠們正處於斷奶時期，但醒來時猶有喝奶的慾望。小冬瓜的奶頭逐漸乾癟、黑硬。兩隻小狗得學著吃不同的食物了。

牠們梳理一陣，在空地周遭蹓躂。身子矮壯如小熊的瘋子黑毛，不知何時回來了，慵懶地躺在另一邊。把肥壯的身子大剌剌地攤開來，享受著陽光的照射。牠的孤僻和疏離，總是讓其他狗感覺，好像去了很遠的地方，或者跑過許多地方。

陽光並不炙熱，適合暴晒。小冬瓜母子接近瘋子黑毛，整個早上就待在那邊。兩隻小狗玩耍了一陣，其他時間都繼續在梳理皮毛，並晒著日光。可能是皮膚病的關係，小冬瓜母子花在搔癢的時間，遠超過其他野狗。瘋子黑毛的皮膚病僅在耳朵內緣出現。牠只用了一些時間舔毛，多半

呈閉目沉思狀。

正午，天氣變熱了。小冬瓜母子回到小山頭的土坑納涼。瘋子黑毛跟了過去，中途改到垃圾場旁邊的車棚，和三口組碰頭。牠很隨興，不在乎與誰為伍。

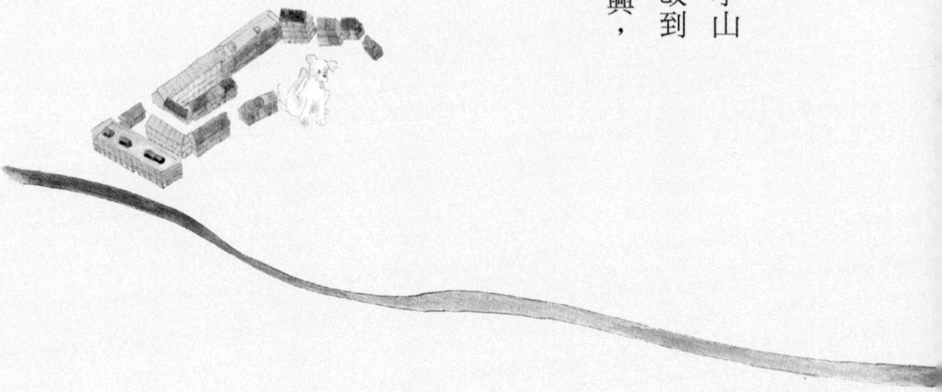

第十一天

1月

小冬瓜一家繼續下榻海綿墊。夜深時，小冬瓜如常起身，趕在垃圾車到來前，在巷口的垃圾堆尋找食物，並帶回空地。

回來時，牠看見一隻老鼠，興奮地狂吠，追逐了一陣。結果，咬回的食物不知散落到何處。兩隻小狗被驚醒，胡亂吠叫一通後，繼續酣睡。

為了減少餵奶的分量，小冬瓜盡量多從垃圾場帶回固體的食物，讓兩隻小狗吃。迫不得已時，便站著餵，只給小狗一點時間。牠清楚地讓兩隻小狗明白，不可能再躺到牠的肚腹邊，閉眼享受吸吮了。

天氣陰沉，牠們幾乎都在打盹。中午，小冬瓜醒來，帶領小狗在空地隨便找一些東西亂咬。小狗們能吃半流質的食物了。有點硬的雞或魚的骨頭，馬鈴薯也能啃咬。但餓了時，最先想到的，還是母親的奶頭。小冬瓜卻不斷閃避。牠偶爾忘了帶食物，也刻意不餵奶，讓小狗充分體驗飢餓的感覺。其實，在日常生活裡，多數野狗便常在挨餓的狀態下生活。

平時有機會，小冬瓜會在野地引導小狗們設法尋找食物。有次，馬鈴薯進入草叢，試圖咬一些像硬木塊般乾癟的食物。結果，被一種有刺的灌木糾纏住，慘叫了好幾聲。後來，還是靠小冬瓜過去解圍。

馬鈴薯最會大驚小怪地亂叫，但這是最好的生存本能。小不點好像都是默默地承受。其實，兩隻小狗之間，一直存在著微妙的生活競爭關係，每天都在進行。

未幾，馬鈴薯又找到一根枯乾的骨頭，興奮地叼到柏油路面啃噬。未料，沒咬好，不小心讓骨頭掉進格柵蓋保護的水溝裡，讓牠好生失望。隔著柵欄，望著黑漆漆的水溝，不甘心地來去，探視了好幾次。小冬瓜和小不點離開空地了，牠才依依不捨地離去。

半途，小不點在草叢找到一只空盒，正在檢視裡面是否有食物。馬鈴薯隨後趕到，見狀即去搶奪。兩隻小狗為此吵鬧了一陣，都不理小冬瓜去了哪兒。等牠們吵完，空盒已不知遺失到哪裡去了。

馬鈴薯雖然愛哭叫，仗勢著身子較強，依舊比小不點兇猛，不時露出斷奶時小狗所特有的狂野性格。在這種吵架裡，爭到最後，小不點往往是輸家。

第十四天
1月

前幾日，豬頭皮的耳朵受傷，現在左腿也扭到，血跡斑斑。

原來，菜市場有一隻母狗發情了。

鄰近的公狗都奮不顧身地衝往那兒，參加這種求偶儀式的集聚。三口組不會囿於垃圾場附近了。牠們貿然地跨過大馬路，蹓躂到菜市場附近。豬頭皮尤其是興致昂揚地率先，三層皮則充滿亢奮之情。倒是桔子彷彿看好戲般，也可能是想觀摩吧，緊緊尾隨著。

但一路上，牠們不敢過分張揚，生怕惹毛了當地的狗群。牠們在那兒遇見了瘋子黑毛，特別感到欣喜。連高傲的豬頭皮都和牠接近，相互廝磨一陣。

豬頭皮在那兒待了好幾日，不知是否交配成功。三層皮和桔子只在前一天去觀看後，就先行悄悄地回到一○一巷休息了。豬頭皮身上的傷勢，正是夜晚和其他公狗為了競爭交配，展開慘烈打鬥的結果。牠依然持續著最近的壞脾氣，三隻狗中，總是最先向陌生人發出威嚇聲。

前些時，桔子在發情時，小山也有求偶儀式發生，不論深夜或白天，林子裡經常很熱鬧。這時野狗間的領域，微妙地暫時瓦解，任何野狗都能接近垃圾場。一群公狗尾隨著桔子走下山徑，相思樹下經常傳出連續的吠叫聲。這種聲音和平常對陌生人的急促狂吠明顯不同。牠們的吠叫較為平和，猶若帶著向對手的示威，以及傳遞訊息。此外，就是廝咬的急促狺吠與低吼。

一般野狗的打鬥，多半以攻擊耳朵部位與臉頰為多，讓對手屈服即可。很少像獵犬，專門偷襲喉部，有著置對手於死地的粗野企圖。求偶時，這種吵架似乎更客氣，往往點到為止。強弱之間的判別，有時是很模糊的。彼此之間均清楚，打架、逞英雄，並非爭取母狗青睞的最好方法。

第十八天 2月

瘋子黑毛又出現了，全身傷痕累累。很顯然，在菜市場的爭逐過程裡，牠也和其他野狗發生了激烈的交配競爭。

牠和小冬瓜母子繼續在空地過夜。小冬瓜母子改移到另一個灌木叢的廢輪胎上。

小不點雖然瘦小，卻比馬鈴薯獨立，更喜歡到處亂逛，善於獨自玩耍。有時還會刻意避開馬鈴薯，在一個馬鈴薯看不到的位置，獨自享受探險野外的樂趣。馬鈴薯反而常有落寞、無聊的表情出現。時日一久，空地被牠們母子走出一條明顯的草叢小路了。

大凡正在養育小狗的母狗多半比較機警、積極。未養育時，卻比一般公狗慵懶、散漫。在小冬瓜身上，就可看到養育期母狗的黠慧。如果食物豐富，牠在垃圾場挑選時，總會再三考量，帶哪一種食物，才適合小狗們吃。譬如，有魚類和雞塊時，牠往往偏愛選擇後者，避免小狗吃到魚刺。

下午時，有一些工人前來測量環境，因為空地要蓋房子了。小冬瓜母子被人聲驚醒，匆匆地回到小山。瘋子黑毛溜過大馬路，再跑往菜市場。就一隻野狗而言，瘋子黑毛的生活範圍比較大，但還算正常。不過，多半集中在菜市場和一〇一巷兩個主要區域。

小不點喜歡到處探看花草。

第二十一天

2 月

早晨，三口組和瘋子黑毛集聚在小山遊蕩。大概是交配期欲保有優勢地位，豬頭皮經常不自覺豎尾，展現自己在三隻狗間的階級。另外兩隻，多少是讓著牠在生活。豬頭皮繼續把尾巴高翹在屁股上，遠遠就可看見牠白色的尾巴尖端直豎、膨鬆著。三層皮、桔子也有豎尾的動作，但明顯地次數較少，姿勢不高。

野狗們的豎尾雖然不若狼群明顯地展現階級地位，但似乎猶能證明，豬頭皮在三口組，甚至包括在小冬瓜母子前的威權。瘋子黑毛沒有豎尾，但接近豬頭皮時，尾巴還是稍為低垂了，好像勉強支持一點這種默契吧。但牠繼續到處走動，過自己的生活，在豬頭皮不斷高高豎尾巴的這段時間，回來的時間相對地減少了。

下午，三口組和小冬瓜母子集聚於空地，晒太陽。馬鈴薯和小不點休息時並不像成狗一樣，多數時間安靜地趴躺著。牠們又長大許多，喜愛到處探險，懂得跟母親一起對外吠叫。小冬瓜依舊站著讓牠們吸，但時間更短，往往不到一分鐘，就刻意露出厭煩的姿態，意圖擺脫牠們。

等牠們吸完奶，桔子過來，趴著伸展前肢、搖尾，逗牠們兄弟玩。這大概是母狗的某種母性情結，藉著別隻母狗的小狗，學習養育的能力，或者安慰自己喪子的心情。其他兩隻公狗很少理會這對兄弟。或者這麼說吧，根本藐視牠們的存在。

小不點的體力似乎增加不少，玩得比馬鈴薯還起勁。當一隻小狗知道玩耍，其實意味著，牠已經擁有健康的身子。只是牠們的皮膚病還未去除。

小不點繼續玩自己的，衝來衝去，彷彿有一個隱形的東西，一直在陪著牠。當桔子離開，馬鈴薯回去和小冬瓜一起趴躺時，牠仍獨自在空地上玩。但這個時間永遠不長，似乎玩一下，體力便用盡，肚子餓了。牠快速回到小冬瓜身邊，試圖吸奶。小冬瓜並未醒來，更不願躺著，讓小不點吸。

三層皮（左）常跟在豬頭皮（右）後，顯示其地位較低。

第二十五天

2月

連綿細雨，小冬瓜母子在廢木堆和灌木叢中，找到一處窩藏、避雨的小洞。牠們整天躲在那兒，下午才出來梳理。日子雖單調、反覆，卻是美麗的時光。

小冬瓜跑到外面覓食，小狗們尾隨至空地邊緣的草叢處，按往例，停下腳步。小冬瓜帶領這對小狗認識的世界，只是一處草叢裡的空地，一座小山，以及一條巷子裡的垃圾場。其實，這是合理的，對多數在城市生活的野狗來說，牠們習慣活動的範圍，可能一生都拘限在一個方圓不到五六百公尺的環境，若沒有其他外力的影響，就會這樣老死的。

真正的野狗沒有所謂的「流浪狗」，彷彿到處在野外奔跑，居無定所。若有，那些多半是正在路上奔波的。很可能，牠方才被拋棄，想要找個適當的地點。或者，努力在尋找回家的路。此外，也有一些可能是環境被破壞，無法繼續生活者。

第二十九天

2月

天氣清冷而乾爽，小冬瓜開始帶領兩隻小狗，挨近垃圾場尋找食物。兩隻小狗異常興奮，對這個充滿吃的位置相當喜愛。只是垃圾場雖然不斷有食物，卻並非都適合牠們。更何況，可吃的食物，多半集中在晚上住戶傾倒垃圾的這一段時間裡，但小冬瓜還不願意在那時帶著孩子貿然出現。牠多半還在早晨時，帶小狗們走訪一回。小狗們一直處於不是吃得很飽的狀態。先前小冬瓜在黃昏時還讓牠們吸奶，如今依舊。可是，小冬瓜的奶頭更小更堅硬，小狗們能夠吸得到的奶水，無疑更稀薄了。

清晨醒來，小冬瓜看到三隻菜市場的狗跑來空地蹓躂。牠們互聞，交換訊息後離去。小冬瓜帶小狗們在空地舔草叢的露水，接著啃咬一些葉子。野狗和家狗在本能裡仍有本事，找到適合的植物，咀嚼到肚腹去，幫助腸胃的蠕動消化，甚至用野草來調理身子，嘔出不好的胃液。

一隻小狗初咬植物，總會遭遇幾番挫折。譬如，牠可能會咬到帶刺的刺莧或含羞草。自己的皮膚太細嫩，又無法承受刺激，總是疼得哀嚎。幾回失敗的經驗後，才懂得更機伶。兩隻小狗似乎很喜歡從事啃草這樣的探險，幾乎忘了餓肚子的事。

中午，空地又有建築工人進入，測量許久。小冬瓜和馬鈴薯為了躲避，繞了一段遠路，沿著大馬路走了一大段後，再從池塘那兒上了小山。小不點獨自在草叢裡遊蕩，聽到人聲，露臉出來，並未瞧見小冬瓜和馬鈴薯。本能地，再朝草叢裡鑽，獨自溜回小山去。

第三十六天

2月

住在巷底釣魚池的豆芽菜好像患了痴癲般，突然連著兩三天都在一〇一巷小跑、徘徊，比平常花更多時間，到處撒尿。那種搔首弄姿的樣子，似乎在告知全世界的公狗們，「這兒有隻母狗，請趕快來和我認識吧！」

可是，巷口什麼動靜都未發生。豆芽菜晃來晃去，顯然不是發情。雨勢大了，牠也不在乎，眼神看來若有所失。究其原因，原來，另外一隻叫大矮子的，生了九隻小狗。

這是昨天迄今，豆芽菜開始在巷子亂竄的原因。豆芽菜頭一次感受到一種生活的挫折，有著落寞與惶恐的複雜情緒。牠若待在釣魚池，就變得很奇怪。

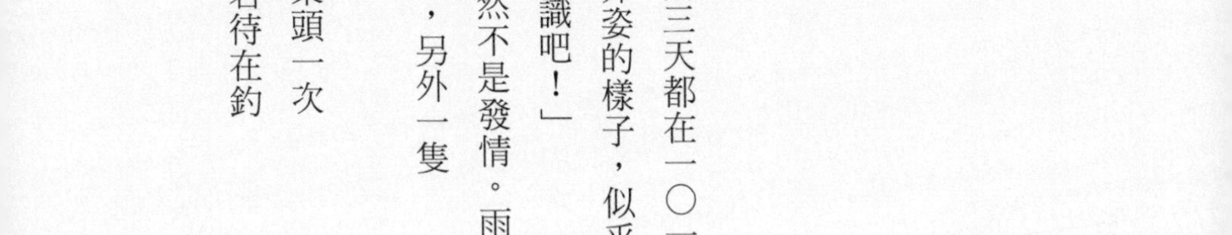

釣魚池的主人似乎忙著大矮子生小狗的事，沒有時間招呼牠。牠也不知為何，胡亂地找了些東西，有些歇斯底里地埋在山腳。之後，想去找桔子一夥，又覺得好像少了什麼理由，或者不能滿足，遂又四處亂跑。

或許，豆芽菜潛意識裡還有一種恐懼吧。原來，大矮子原本就是家狗。不像牠臨時插隊，自己跑來落戶。牠似乎因小狗的出生，害怕被趕走。那種無端的恐懼多少是可以被理解的。

豆芽菜就如此甘願被雨淋，繼續在路上徘徊，直到午後雨勢滂沱了，才跑回去。

大矮子在主人的木屋裡，滿足地餵九隻小狗喝奶。豆芽菜則趴臥在魚池對面的棚子，凝視著木屋的方向，始終不願走進木屋裡，彷彿那裡沒什麼大事。或者正發生著，一件牠很不喜歡的事。

空地上遍地泥濘，山頂的土坑也濕了。小冬瓜帶著馬鈴薯兄弟，下山到車棚避雨。雨繼續落著，牠們都餓了。桔子趁機過來，幫牠照顧兩隻小狗，大概想重溫母親的角色吧，牠不斷地試著舔舐，兩隻小狗趁機猛力地咬牠硬癟的乳頭。牠並未發脾氣，反而出現一種惋惜的憐憫神態。

豬頭皮和三層皮躺在另一個角落，只顧著休息。牠們因爭奪交配，和其他野狗廝咬造成的傷口，都明顯好轉了。日子繼續過去那種老掉牙的時光，不可能有什麼新鮮事。

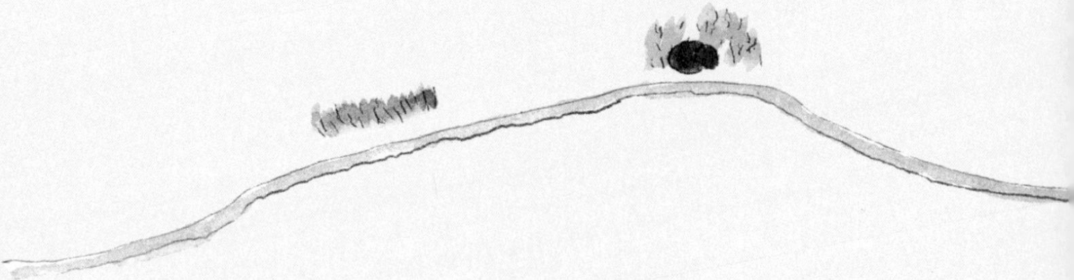

第三十八天 2月

早晨時，三口組從空地朝大馬路前去。三層皮和桔子懶散地走在前面，穿過芒草叢，出現在大馬路上。

豬頭皮在後頭，檢視一個紙箱，正要趕過去。結果，聽到前方傳來了淒厲的慘叫聲。聲音一如去年，桔子一家小狗被捕捉時的情形。牠本能地急忙回頭，快奔。豬頭皮跑到空地上，隨即全身不自覺地發抖。回頭遠眺，大馬路方向的芒草叢，空蕩蕩的。桔子呢？三層皮呢？牠拉高鼻子嗅聞，盡是冰冷的空氣。

牠們都未再出現。豬頭皮兀自站在空地那兒，等了快半小時，還是沒一點動靜，身子仍不時抖顫。牠隱隱感覺，情況相當不妙，大馬路上一定發生了非常嚴重的事，使得桔子和三層皮都未再出現。牠不敢過去，生怕遇到同樣的事。站了好一陣，茫然四顧，又佇立多時，終於放棄等候。低著頭，默默地爬上小山，連車棚都不敢回去了。

中午休息時，牠數度驚醒，最後看到山徑遠方有隻大狗出現，牠高興地走下去迎接，以為是桔子或者是三層皮回來。結果，那是四處遊蕩的瘋子黑毛，準備到垃圾場找東西吃。

黃昏時，落雨了。小冬瓜母子並沒有到車棚下過夜。豬頭皮獨自躺在那兒，卻無法安睡，似乎仍抱著一絲希望，期待桔子或三層皮的出現，但什麼都未發生。

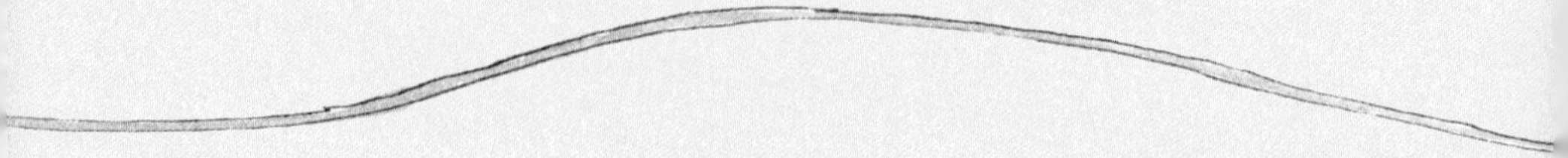

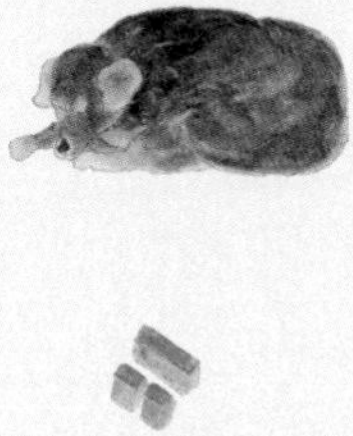

第二章　死亡，或者繼續殘存

第四十天

2月

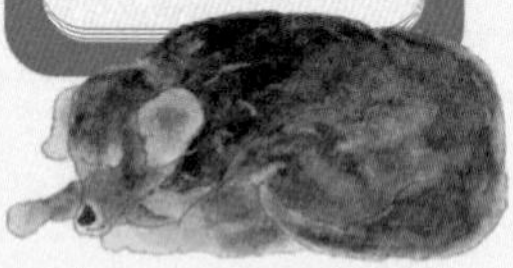

菜農經過巷底時，帶了一些雞骨頭，放在車棚。

平常，聽到菜農的聲音，三口組總會按時出現，這回只有豬頭皮現身。菜農有些困惑，為何只剩下一隻？雞骨頭是從菜市場帶回的。那是雞販每天賣完雞隻後，準備丟掉的。這陣子，他乾脆帶回來餵食野狗。

豬頭皮啃咬時，巷子遠處有一隻狗蹣跚地走來，豬頭皮抬頭遠眺。奇蹟發生了，竟然是三層皮。牠拖拉著身體在遠處，緩緩地撐著。豬頭皮搖尾走過去，嗅聞，安慰牠。

桔子呢？豬頭皮盼望著，有一天牠也會出現。但桔子已被一輛駛下山的小貨車撞死了。三層皮幸運地殘存下來。但牠的臉被小貨車撞得腫脹，幾乎不成原來模樣。屁股也碰了個大淤傷，滲出血絲。後腿則無法施力。右前腳也扭到，幾乎無法行走，只能靠著左前腳攀著地面，拖著身體，一步步往前走。

最初，牠爬到草叢裡，奄奄一息地，待了一整晚。原本打算直接走回車棚，但毫無力氣爬上小山山坡。隔天黃昏，體力略為恢復，才靠左前腳拖著身子，慢慢地繞路，打算從巷口回來。

那時剛好一群小朋友放學，牠緊貼著牆角發抖，緩慢地前進。最後停在牆角，不敢再嘗試前進。有幾個高年級小朋友，看到牠混身汙血的樣子，議論不已。有人嫌牠髒，突然間，抬腳威嚇。嚇得三層皮拖著身子，忘我地想往回奔，可又毫無氣力，一站起，沒兩三步就摔倒在地。幾個小朋友更加高興，彷彿逮到獵物般。三層皮絕望地再緊貼著牆角發抖。所幸，路過的大人喝止了。小朋友們才沒有繼續嚇牠，兀自相互打鬧地離開了。

等小朋友們離去，三層皮再沿著人行道，慢慢地拖著身子，抵達榕樹下。整條巷子的地面，斷斷續續殘留著拖拉的血跡。又過了一晚，早上牠終於把自己拖回了車棚。

回來後，不斷地猛吃菜農餵食的雞骨頭，顯然是餓過頭了。吃完後，又拖著身子，走向小山的林子裡去療養。但牠走到半山，就上不去了，只得待在那兒休息。

那晚起，天氣又變冷了，虛弱而筋疲力竭的三層皮幾乎凍死。所幸因吃到了一些菜農留下的雞骨頭，維持了一些支撐的體力。

第四十二天 2月

小不點的身體本來就比馬鈴薯虛弱、瘦小。接連幾日春雨綿綿，加上寒流，又挨餓、受凍。終於支撐不住，病死了。

牠大概知道自己的狀況，嚥下最後一口氣前，爬離土坑，橫躺在旁邊不遠，油桐葉不斷覆蓋的草叢。動物們似乎都有這種不想礙了這個家，讓自己安靜死於自然的本能吧。

小冬瓜沒什麼表情，或許是知道這種狀況遲早會發生吧，這是小狗在野外出生必然的淘汰情形。牠木然地望著遠方。天空略暗時，帶著氣力有些衰弱的馬鈴薯下山，躲到車棚下，和豬頭皮、三層皮一起偎暖。馬鈴薯心頭蒙著弟弟死亡的陰影，緊緊跟著母親。

三層皮的右前腳似乎好了許多，屁股的淤傷也消退了，但仍得用左前腳拖著身體走路。牠無法走遠，靠自己的力量覓食。如果沒有菜農偶爾帶著雞爪和雞骨頭回來，恐怕早就餓死了。

第四十四天 3月

天氣開始放晴，瘋子黑毛又回來了。牠和小冬瓜母子、豬頭皮都在空地晒陽光。

瘋子黑毛和豬頭皮都把自己攤得像頭死豬般難看，可是這樣全然放鬆自己的姿勢，在早春的陽光下最為舒服了。或許當一隻野狗，最大的享受就是這種無拘無束，毫無煩惱的快樂時日吧。

三層皮的腳傷依舊，讓牠無法翻過小山，進入空地。牠只能待在巷底的車棚下，繼續孤僻地躺臥著。只要聽到車子疾駛的聲音，都會不自覺地抖動。

三個多月大的馬鈴薯，體型已有母親的一半。睡醒後，肚子餓了，東聞西探，感覺草叢有肉味。尋味而去，在草叢裡探查了一陣，果真找到了一個從旁邊公寓大樓丟下來的，過了期的冷凍肉包。囫圇吞完，又咬了一些雨水滋潤過的草莖。那清新的草味，春天的嫩芽，似乎代表著這個世界美好的某一面。

小冬瓜來找牠。牠迎上前去，搖尾，互相嗅聞。除了感覺到春天的美好時日，好像也了然，這個世界，只剩下牠們相依為命了。

牠們在空地來回走動，不知要去哪裡。繞個兩三圈，不想離開，又回到原地休息。

第四十七天 3月

半邊再度和蛋白質跑到空地遊蕩，遇到小冬瓜母子。初時逆風，小冬瓜向牠們吠叫了兩三聲，聞出牠們的氣味，才未繼續敵視。

照面後，牠們啃咬幾株野草，從大馬路回到巷口休息。兩隻狗還合力威嚇經過的摩托車，那一前一後的追逐，連續吠叫，都在在透露出強烈的囂張和跋扈氣勢，以及，充滿吃飽飯沒事做的某種心態。

豬頭皮和瘋子黑毛一起出現，繼續在空地遊蕩，各自選了一塊位置趴下。彼此間的互動並不是很緊密，只是暫時性的結合。三層皮仍趴在車棚下，因為常用左前腳拖著身體走路，左前腳關節略為腫大，甚至發出喀吱聲。

小冬瓜母子在車棚下，和豬頭皮、三層皮一起等候。菜農拎著一大袋東西出現，菜市場的老闆這次送給菜農特別多雞骨頭。連續幾日陰雨後，這是野狗們最豐富的一餐。馬鈴薯已經能咀嚼一些碎肉。吃飽後，小冬瓜帶著馬鈴薯到巷子和其他野狗、家狗串門子。牠們抵達巷口就折回，馬鈴薯似乎受不了半邊的耀武揚威，還沒翻找食物就和母親離開。無論如何，這是馬鈴薯長大後，小冬瓜第一次帶牠如此出遊。以前，馬鈴薯總是等候其他野狗，到空地來和牠們接觸。

巷口的垃圾堆是附近野狗和家狗的集聚中心，垃圾車抵達之前，總會吸引一群野狗集聚。大馬路和一〇一巷在此連接，另一端通往北邊的隧道，因而形成三叉路。都市交通的要道，有時也是狗族集聚的地方，尤其是晚間垃圾堆放的位置。

隧道的方向，除了汽機車快速奔馳，少有野狗現身。縱使有野狗往那兒去，還未抵達隧道就折回了。隧道本身像一個陰暗的黑洞，幾乎沒有野狗敢貿然進入。到底有沒有野狗跑進去，從彼端脫身。或者安然地從彼端進去，從這兒跑出來？又或者另一端會是哪裡？這些疑問，一〇一巷附近的野狗永遠都無法知道答案。

倒是巷子裡，一些小吃店的常客談過這類問題。他們描繪著，曾經有隻黑色家狗，從隧道那端回來過。原本，這隻黑狗住在一〇一巷。後來，被帶到隧道那一頭棄養。主人以為高枕無憂，未料到，一星期後，這隻機警的黑狗，竟在小吃店前出現。

在巷口出沒的狗群自是複雜。馬鈴薯不僅遇見了此地的地頭蛇，半邊和蛋白質，也邂逅了一些菜市場的狗兒。半邊好像要答謝摩托車店的收留，很喜愛對經過的汽機車吠叫，好像要人家都停下來修車。在這兒，牠顯得比在空地時趾高氣昂多了，好像是這兒的警察般，總是忙著跑來跑去。但仔細看，也不知在忙什麼，似乎只是想多讓其他狗認識牠而已。

三層皮的身體好多了，臉腫也消退不少，但行動仍非常不便，走起路來彷彿仍拖著身體。牠依舊翻不過小山。自從桔子死亡、三層皮受傷以後，豬頭皮警戒心更為加強，三層皮則愈發孤僻。牠們都不願意再接近巷口和大馬路，寧可靠著菜農的雞骨頭，一直臥伏在巷子底，凝視著巷口的方向，彷彿擔心某種快速移動的物體會再出現，繼續朝牠們攻擊。

豬頭皮偶爾才跟瘋子黑毛結伴，在天熱時前往空地，和小冬瓜等一起晒太陽。

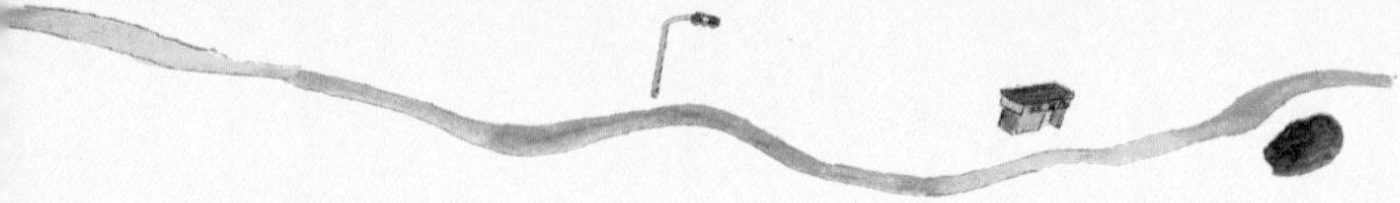

瘋子黑毛和豬頭皮一起時，地位明顯是相等的，並不像三層皮的禮讓，或者若有若無地伴隨在旁。多數時候，牠仍不見蹤影，像隻狐狸般孤獨地生活著，很少接受菜農餽贈的雞骨頭。

嚴格說來，野狗集聚時的階級，可能不及家狗的明顯，原因不外，並未被拘限在一個小區域緊張地活動。換言之，生活需要性並不是那麼強烈。家狗的階級清楚，除了為爭取食物外，更大的因由是要在這個小區域爭寵，獲取主人的歡心。

豬頭皮和瘋子黑毛的臨時結合，並未出現明顯的階級關係，反而保持一種曖昧的友誼，多少和這個有關。尤其是在三層皮不能活動的這些日子裡，牠們之間的這等情境更加凸顯。而這種狀態只能說，有些野狗就是不能投緣，有些卻能結黨營私。豬頭皮和瘋子黑毛的友好屬於前者，三層皮和豬頭皮的親密則屬於後者。

倒是瘋子黑毛的活動領域，值得更進一步論述。牠可能是附近野狗裡活動範圍最為遼闊的。先前多半在菜市場滯留時，牠不止往更南的方向探索，還曾沿著大馬路，跑到山上的社區。

除了被拋棄或者迷失，一般野狗會有稍遠距離的行程，多半是嗅聞到母狗的發春之味，因而心猿意馬地胡亂奔走，並未意識到自己跑了多遠。瘋子黑毛的活動卻不是為了某隻母狗的發情，做出如此莽撞的決定。毋寧是身為一隻野狗，總會有一兩隻，不同於其他，嘗試著超越先前的生活範圍，表現出與眾不同的行徑。瘋子黑毛便是這樣的典型。牠的行徑，意外地，在這個區域裡，把流浪這個字義帶進了其他野狗的生活裡。牠合該是野狗裡的吉普賽人吧。

當然，我們或許也困惑，在遠行的過程裡，瘋子黑毛如何避開緊鄰的，每一個區域野狗的地盤。仔細觀察瘋子黑毛的行為，這答案其實相當清楚。大體說來，牠的舉止是不亢不卑的。當牠經過狗群時，走路的腳步繼續保持穩健，不會驚慌失措。再者，更不會在別人的地盤胡亂鑽探，東聞西嗅。牠總是保持在經過的姿態，而非探尋食物。這是牠闖入其他野狗地盤，適合大領域生活的箇中祕訣。

又隔了一天，三層皮終於能跟著豬頭皮和小冬瓜母子爬過小山，前往空地晒太陽了。牠自己都感到特別高興，儘管行動緩慢，躺下來時，誇張的動作特別多。譬如，不斷咬自己的尾巴，翻滾身子好幾圈。豬頭皮要走了，牠兀自躺著，仍在享受著許久未能體驗的，陽光的溫煦照射。生平的狗日子，彷彿這時最為快意。

三層皮和小冬瓜母子一起在海綿墊上過夜。早晨時，豬頭皮來探望。然後，一起到車棚等菜農帶雞骨頭來。馬鈴薯還是不太會咬雞爪，都是等小冬瓜幫牠咬斷，再啃噬。

藍帶又出來了，這隻大丹狗型的土狗，活潑而調皮。牠和主人住在隔壁的巷子，有時蹓躂到一〇一巷。藍帶每次都是許久才被放風一回。一放風，都會興奮地在整條巷子狂奔，對著經過的每一輛比牠快速的車輛吠叫。每次經過，藍帶也一定跟巷子的一條大胖狗挑釁。

那隻有點像羅特威爾血統的大胖狗叫大牛，恆常關在車庫裡。藍帶知道大牛不容易出來，每次都高興地衝到車庫前，故意低頭向大門裡面吠叫，惹得大牛狂吠起來。接著，又向住在大牛旁邊，祖先是高加索典型大狗的羅威娜犬挑鬥，但那隻羅威娜犬就懶得理睬牠了。前些時，牠闖入車棚，小冬瓜母子壓低身子，蹲伏著，小心過街，快速地隨豬頭皮上了小山。大家都怕惹事生非，也沒精神和藍帶消磨。

中午，豬頭皮一夥在啃雞骨頭時，牠又出現，而且照舊過來挑釁。當一隻野狗在吃東西時，最好不要惹牠。更何況是一群。結果，不知好歹的藍帶，碰到了難以想像的劇烈攻擊。不僅豬頭皮發火了，連平時都不吭聲的三層皮也狺吠起來。更有趣的是小冬瓜，見機加入戰局。馬鈴薯則在旁邊興奮地叫喊。藍帶再怎麼囂張，都不可能一次對付三隻。更何況，牠感受到野狗們似乎有種為食物拚命的氣勢，竟嚇得夾尾，落荒而逃。

第七十二天 3月

炙熱的天氣猶若暑夏，小冬瓜母子和豬頭皮、三層皮繼續在車棚憩息。可憐，馬鈴薯全身的紅斑持續嚴重，呈現潰爛的情況。當菜農未出現時，牠整天都以茫然而呆滯的眼神，巴望著熟悉的路人丟棄食物。菜農已經好幾日沒現身。

連著兩天晴日，小冬瓜母子都回到空地的枯草堆上過夜。大概那兒比較溫暖吧？清晨的陽光照射上身了，馬鈴薯還賴著不肯起床。醒來後，牠們在草地積了雨水的淺灘喝水。再到柏油路面，用前腳拖著身子，做運動，拉抬筋骨。這是牠們母子的早操，同時藉著這樣的動作，減輕腹部的癢。

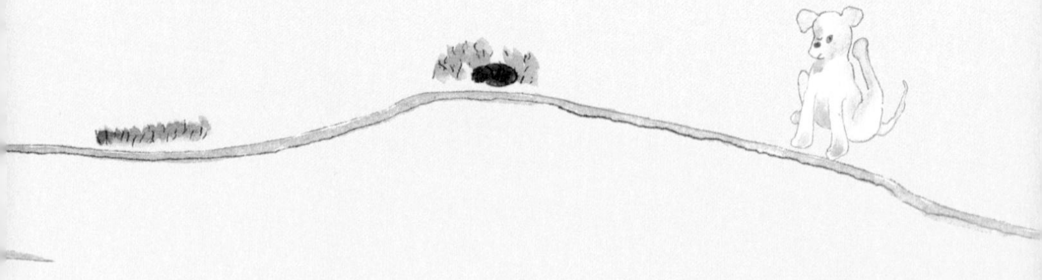

第七十六天

4月

菜農仍未回來，牠們仰賴慣了，竟懶得出去覓食。昨晚，實在忍受不住，豬頭皮和小冬瓜跑到巷口找東西吃。三層皮也鼓起勇氣，扭擺著身子，跟在後頭。等豬頭皮和小冬瓜吃了些東西回來時，三層皮才辛苦地抵達巷口，那時已沒什麼食物了。半邊和蛋白質出來跟牠磨蹭。半邊兀自興奮地搖著尾巴，繞著三層皮觀察。那動作彷彿在說，這麼晚才來，當然沒有食物了。三層皮懶得理睬，兀自挨著學校牆角回去。牠走回車棚時，其他野狗都酣然熟睡了。

第八十天

4月

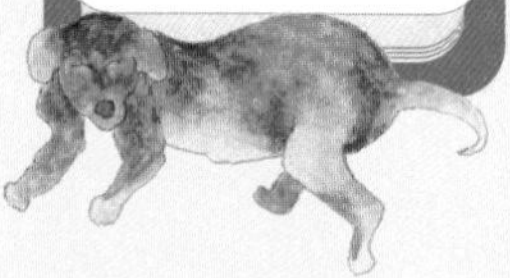

夜晚時，小冬瓜獨自到巷口，啃咬路人丟棄的麵包。吃了一半，將剩下的咬回去給馬鈴薯吃。馬鈴薯還沒有獨自到巷口覓食的能力。

凌晨三點，小冬瓜母子和豬頭皮跑到空地遊蕩。一輛不明的車輛接近，牠們瘋狂地吠叫。車輛上偷偷地拋下了許多廢棄的家具，發出轟隆聲。牠們嚇得遠離好一陣。

車子走後，夜深人靜，天氣涼爽。野狗們一如未馴化的狼祖先們，精神狀況比白天好多了，活動量也提高許多。隨著交配的到來，打架、互咬的情形隨時發生。一隻野狗昨日好端端的，第二日便有一隻腳受傷不良於行，或者身體某個部位淤積著血塊，這種情形就經常發生了。

第八十七天
4月

菜農從菜市場帶回一堆雞骨頭。野狗們並不在，讓他有些困惑。但他習慣性地把雞骨頭放到車棚角落。他相信，沒多久，野狗們會聞香而來。以前，他的腳踏車在遠遠的巷口出現，發出「喀、喀」響時，野狗們已蜂擁而至，站在車棚等候了。

菜農離去後，小冬瓜和馬鈴薯才從草叢裡鑽出，圍到雞骨頭前專心啃咬。過一會兒，豬頭皮和三層皮也從小山下來。天氣悶熱，野狗們似乎對食物的需求不再那麼渴望。

馬鈴薯不吃自己的，大概是太硬咬不動，被豬頭皮偷偷叼走。牠轉而回過身來，搶食母親的雞骨。小冬瓜生氣地怒咬這個唯一僅存的孩子。馬鈴薯慘叫一聲，躺倒在地，屈服於小冬瓜的威嚇。

牠們吃完後，各自躺到車棚一角。巷子好靜，一整天都沒有什麼狗往來。大矮子和牠的小狗被釣魚池的主人送往別地，現在只剩下豆芽菜住在那兒。牠過得比任何時候都快樂許多，經常和陌生的釣魚客打交道，躺著讓人搔肚腹。

只是，自從桔子死後，牠難免失落，彷彿少了知心的朋友。最近很少到車棚找豬頭皮和三層皮玩了。多數母狗們，在不同的區域裡孤單地生活時，似乎會有這種微妙的情緒，以及奇怪的情誼，那似乎是公狗缺乏，也難以察覺的。在小冬瓜、蛋白質、豆芽菜和死去的桔子之間，隱然存在著這樣的關係。

悶熱的天氣讓野狗們更加不想遠行，垃圾車提前來收垃圾，讓牠們無法在夜晚時的巷口找到充裕的食物。這陣子，牠們繼續依賴菜農丟置的雞骨頭，或者撿拾社區警衛們不要的剩飯餘菜。有些車輛經過空地旁邊的大馬路時，偶爾也丟些廢棄食物，讓牠們意外地邂逅。

小冬瓜母子在車棚晒溫煦的陽光。

桔子（右）和豆芽菜（左）是姐妹淘。

第九十一天

4月

油桐花盛開了。中午時，小冬瓜母子穿過花瓣掉落滿徑的山路，抵達了空地。馬鈴薯先在雨水積聚的淺灘喝水、洗滌，並讓母親幫牠梳理。清理完，牠們走到一處土丘休息。天熱了，再躲到木板下避熱。母子倆都因皮膚潰爛，淤積了不少血塊。馬鈴薯整個右耳都是血痂和紅斑的傷口。任何人看到，都會懷疑，牠還能活多久。

豬頭皮和三層皮一起繞過水塘，抵達空地。看似和平常無兩樣，但仔細瞧，還是會有種落寞之感。前些時被撞傷的三層皮，現在已經能慢速跑步。豆芽菜似乎接受了桔子不在的事實。這幾日，嘗試著接近豬頭皮和三層皮。前些時，牠可能從小冬瓜身上傳染了皮膚病，耳朵掉了皮，連腹脅都有皮膚紅腫的脫皮症狀。釣魚池的主人把牠關了好幾天，直到皮膚病好轉。那幾日，牠不斷地哀嚎，掙扎著想出來閒逛，連車棚下的野狗都聽得很難過，悽惶不安。

第一〇四天

4月

有隻野狗在垃圾場出現，牠始終想要加入豬頭皮一夥的陣容，馬鈴薯向牠大吠了好幾次。皮膚病痊癒後，豆芽菜再度放風。牠好管閒事地聞聲跑去，和牠嗅聞屁股，搖搖尾，似乎在跟其他的狗說，「牠沒問題。」同時，好像在跟這隻野狗證明自己的地位。但其他野狗還是不太理睬。最後，那隻野狗悻悻然離去，消失於巷子。儘管未吸收到這位新成員，尾巴高舉的豆芽菜，還是看到一個大變化。

清晨時，空地出現了兩隻大狗，可能才被遺棄。

牠們的皮毛略帶土黃色。體型粗壯，個性都十分活潑，沒事經常玩鬧在一起。

其中一隻體型類似杜賓狗，叫無花果。而另一隻顯然有著牧羊犬血統，叫大青魚，都是母狗。牠們後來住在小山半山坡，偶爾下來空地巡行，把那兒當成地盤。

更大的變動是，巷口的摩托車店搬家了。蛋白質和半邊，一起變成棄狗。牠們先跑到大馬路對面的山區居住，好天氣時才過街來，睡在空地上。牠們自創路線，從一處鐵門的小洞鑽入空地覓食。

最初，還常回到巷口。半邊的信心似乎喪失大半，整天垂頭喪氣。晚上野狗們集聚到垃圾堆時，半邊不再四處走動，轉而安靜地待在老家，比蛋白質還懶洋洋。

未幾，巷口的老家變成理髮店。牠們若趴在門口，還會被威嚇，甚至被驅趕。接連兩三回後，就不敢再回去。只在晚上時，偷偷地跑到巷口找東西吃。多半時候在大馬路蹓躂。只是，那蹓躂沒其他野狗的機警，而是情緒失落的茫然，毫不在意車輛的急速往來。尤其是看到行人時，變膽怯了，連吠叫的能力好像都被剝奪。或者是，吠叫本身的意義，全沒有了。

蛋白質表面看似比半邊沉穩，事實恰恰相反，牠更被徹底擊毀，完全失去過去那種悠閒生活的信心，跟著慌張的半邊，隨便漫遊。牠們和其他野狗一樣潦倒了。

馬鈴薯（前）常向其他出現的陌生野狗胡亂吠叫，似乎垃圾場是牠的地盤。

被遺棄的大青魚（右）和無花果（左）在小山裡胡亂闖蕩。

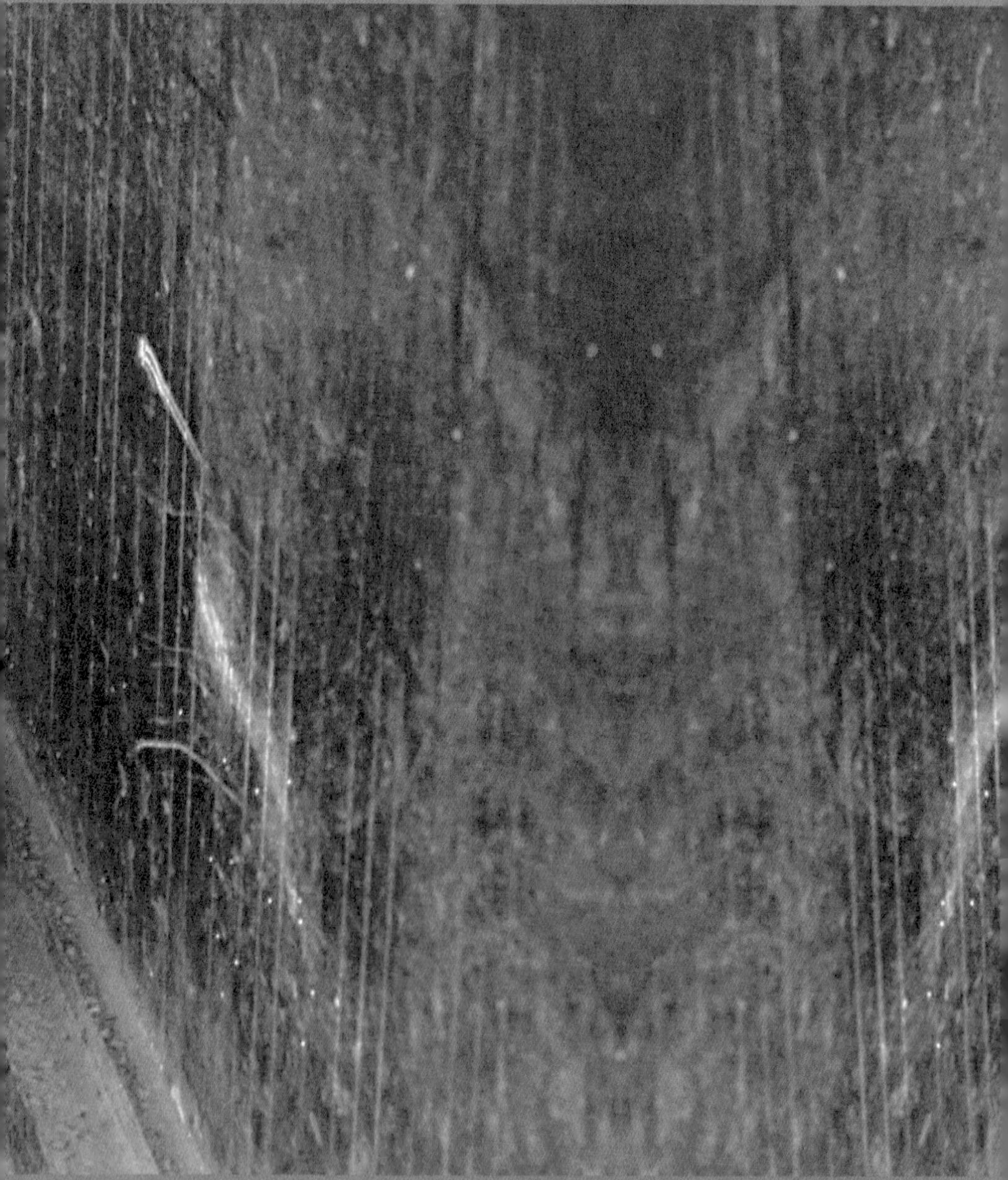

原本十分趾高氣昂，後來被遺棄時，一臉茫然的半邊。

第一〇六天

5月

昨天新聞刊登一則新消息，全台北市的野狗開始要面對一個殘酷的事實。凡是沒有掛狗牌的都視為野狗，一律撲殺。過去，很多人知道自己無法照顧時，都會隨便丟棄。現在，他們不希望棄狗被撲殺，都會特別選擇一些離城市不遠的荒郊野外，讓這些家狗還能勉強找到吃的東西，捕狗大隊又很少出現。這或許是最近一〇一巷突然有許多棄狗出現的原因。但再怎樣食物豐富的地點，野狗們總會自生自滅，隨時得面對死亡。

相對地，這座城市似乎忽略了，這個決定的可怕後遺症，以及可能隨之而來的，屠殺的悲劇。昨天是這座城市發展歷史裡，一個最為可恥的日子。這座城市容不得流浪狗，只有人才能活著。流浪狗沒有市民權。

以前要遺棄一隻狗，有經驗者通常會告訴想要執行的主人，當你帶到郊外，準備遺棄時，必須溫柔地看著牠。不要讓牠感覺，你不會再回來，最好是悄悄地消失，讓牠感覺好像是走失了。儘管有些野狗，居然還會神奇地跑回主人家，畢竟是少數。若真有這番能耐，身為主人的，還再萌生丟棄的念頭，恐怕也是罪過了。

早晨，無花果和大青魚快樂地來到空地。牠們和蛋白質、半邊不期而遇。半邊充滿不快，但對方遠比牠們高大許多，遂和蛋白質怏然離去。

無花果和大青魚或許是才被丟棄，而且不是被惡意地驅離，在心裡上似乎調適得很好。如果是被惡意地遺棄，譬如半路推下車，兇惡地罵走，或者開車遠去，讓牠們追得筋疲力竭之類。這些惡質的狀態，都會讓狗兒充滿挫折感，對自己對人類，甚至對未來的生活都喪失信心。半邊和蛋白質明顯就有這種失魂落魄的情況。反之，大青魚和無花果的主人一定是偷偷地離開，讓牠們在找不到主人時，還以為迷路了，所以一開始當野狗就有著比較平和、活潑的樂觀心情。不過，有時這種狀況反而不是好事，尤其是現在。

以前的三口組和小冬瓜等一夥，在野外待久了，總是暮氣沉沉，臉神呆滯，毫無精神。牠們雖然仍在空地，卻彷彿廢棄的家具般死寂，甚少行動。這幾日的空地，就看著蛋白質和半邊失魂落魄地徘徊，以及大青魚和無花果快樂地遊蕩。

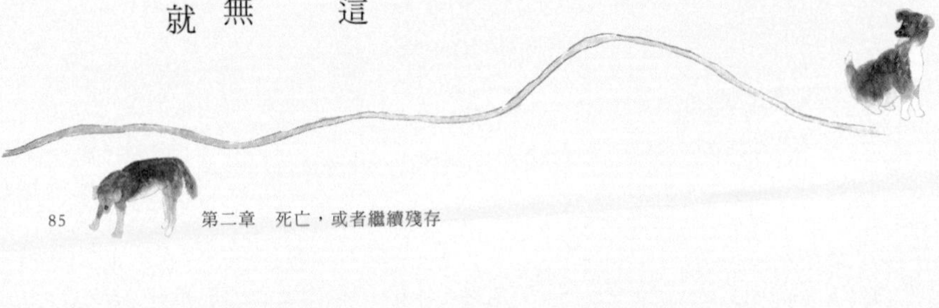

第一〇八天

5月

蛋白質和半邊從大馬路對街鑽過來，幸運地找到了一些公寓大樓丟棄的食物。無花果和大青魚下山來到空地，正巧遇見，似乎搞不清楚狀況，不斷干擾，還搶奪食物。半邊不服氣，對牠們發脾氣。結果，反遭兩隻大狗一起合力威嚇，把半邊逼得倒下來，表示屈服。蛋白質則靠到一角去，根本不敢吭聲。

牠們吃完後，還走到蛋白質面前搖尾、屈膝、蹺屁股，再翻滾身子，一副賴皮樣。蛋白質和半邊鬥不過牠們，從一處新出現的廢棄家具堆，找了個洞，穿過草叢，跑回巷口。兩隻大狗還想跟上，無奈洞口太小，過不去，只好繼續待在空地。雨落了，依舊在空地遊走。

蛋白質和半邊不時回來，瞧看看，牠們是否離去了。無花果和大青魚一看到牠們現身，馬上又趕過來，想要玩耍。蛋白質和半邊勉強和牠們相處一陣，大概覺得不妥，便再離去。牠們就在空地如此反覆來去，漸漸地熟稔了。兩邊都在適應期，難免會有這種領域的摸索。儘管受到阻撓，半邊和蛋白質還是鐵了心，決定在此安定一陣，不再急著跑回巷口。

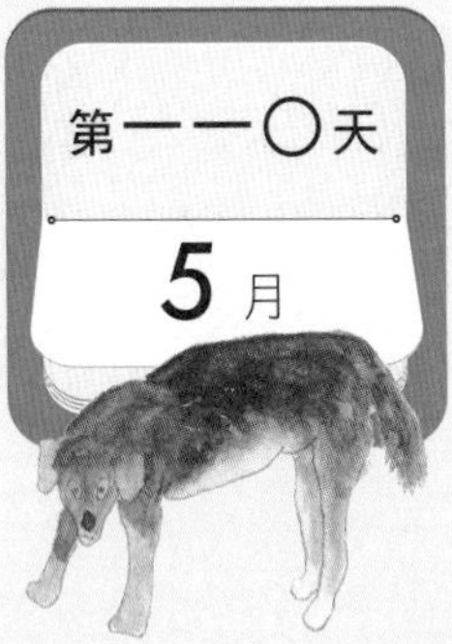

豬頭皮和三層皮不想和快樂而天真的無花果、大青魚碰面，連著幾日都繞遠路，從池塘另一邊，沿著大馬路蹓躂，準備和菜市場的野狗們碰頭。這天，牠們再度碰上了，再次於大馬路上無目的地遊蕩。春暖花開的日子，連野狗群都能感受天氣的溫和、美好。

三層皮似乎忘了，牠和桔子曾在此遭遇車禍。這時，悲劇再次上演，一輛捕狗車迅速駛來，眾狗發覺不對勁，登時四散。一陣追捕後，大馬路上不斷地發出慘叫聲，躲在小山上的小冬瓜和馬鈴薯都聽得十分驚心，根本不敢下山。

三層皮的頸部多了一條白色的鐵絲圈。那是捕狗大隊製作的捕犬桿，前頭套了鐵絲圈，以此將野狗勒死或拉走，但綁住三層皮的鐵絲圈意外鬆脫，讓牠幸運地溜走。豬頭皮就沒如此幸運，牠被捕犬網硬是蓋住，還來不及哀嚎，就被拖回車箱裡。三口組終於瓦解了。

無家可去的半邊在路邊休息。

第一一一天
5月

　　小冬瓜帶著馬鈴薯嘗試到空地覓食，遭到無花果和大青魚的修理。馬鈴薯不像半邊會側躺下來表示屈服。牠不服氣，向兩隻大狗吼叫。結果，被無花果咬到屁股，慘叫了許久。小冬瓜不敢吭聲。或許，牠覺得這樣對馬鈴薯的成長也是好事。小冬瓜只在事後去舔撫馬鈴薯的屁股。馬鈴薯依舊很不高興，向無花果吠了好幾聲。後來，公寓樓上有人丟食物下來，就在小冬瓜母子面前，牠們也不敢進食。無花果和大青魚趕過來，愉快地將食物叼走。

　　蛋白質和半邊在草叢裡，露出頭，冷冷地觀望著。後來，做了一項決定，好像這兒不能久留，何妨去菜市場看看吧。於是，這對幾乎很少離開一〇一巷環境的伙伴，便橫越過大馬路。

馬鈴薯（右）和小冬瓜（左）一起覓食。

初時，牠們循著一條小路往前。小路偶有車輛往來，卻無狗族蹤影。這時看到車輛，牠們彷彿作賊心虛，變得害怕了。但看到周遭無其他野狗，膽子便逐漸放大。半邊更是高興地引領在前，尾巴如國旗在空中高高搖晃，早先在摩托車店前的神采，似乎又回來了。

直到一個轉彎，突地一群野狗在前方現身。牠們站在下風處，早早就嗅聞到半邊了。牠們先前曾經和三口組在大馬路偶爾碰頭，其中一兩隻也常到一〇一巷巷口逗留。這時看到半邊，彷彿是陌生人。也或許，刻意刁難吧，硬是不給牠情面，遠遠地就狺吠起來。

半邊被驚嚇到，腳步錯亂，四腿發軟，不敢再往前。蛋白質倒是毫無畏懼之心，貼著路旁，耳朵只比平常稍伏貼下垂，嘴角仍拉出一個自信的微笑，緩慢前進。結果，那群野狗果真讓蛋白質安然通行。但等那半邊鼓起勇氣，微抬耳朵，想要如法泡製時。那群野狗裡有一兩隻卻自後頭伏擊，彷彿要報復昔時在巷口被欺負的日子。半邊被嚇得滑倒，再迅速爬起，尾巴夾入屁股間，彷彿後腿的第三隻腳，倉皇地奔跑一段，再低壓著身子，滾入前方一輛車子底下，久久不敢探頭出來。

好不容易等那群野狗散去，半邊才敢露出身子。蛋白質若無其事地在不遠處徘徊，等候牠。兩隻狗互聞後，也不知溝通了什麼。或許牠們是如此對話的：

「你還好嗎？」

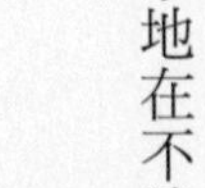

「小事。」
「牠們走了。」
「牠們會在這裡出現，菜市場可能沒什麼食物吧！」
「或許吧。」
「說不定，我們以前住的地方食物更多呢。」
後來，牠們放棄了前往菜市場的計畫，折返巷口。結果，意外地在一家飲食店前找到了丟棄的食物。半邊吃得特別暢快。

第一一二天 5月

凌晨時，一隻黑公狗和中型白狗出現空地，黑狗不斷地嗅聞無花果的屁股，不時地想爬上牠，與牠交配。無花果讓牠爬上去不到三四秒，生氣又略帶點害羞地哀叫一聲，擺脫黑狗的糾纏。

無花果發情了。在野狗交配場合裡，一隻母狗發情，先會有段醞釀期，約莫三四天的時間，吸引公狗群的到來，再做選擇。這段發情初期，有些公狗會猴急地想交配，但母狗不會馬上接受。總是欲迎還拒，先觀察跟隨的野狗一陣，再做一決定，看看哪一隻公狗才適合。最後，讓牠再接近時，趴上自己的背部。又過一陣，換個姿勢，緊緊以屁股相連一陣，完成交配的動作。

有些狗專家以為，狗族在發情時，也有所謂的強暴和脅迫的情形發生，

母狗雖然極端不願意，公狗卻可能以自己的威猛體型或者是強勢行為，逼使母狗就範，進而出現了成功的交配機會。這種狀況在家狗的環境，或許機率更大吧。在野狗的交配場合裡，可不容易發生。

一來，家狗在長期豢養的過程裡，培養了鮮明的個性和信心，自我的意識強烈，對於交配會產生更大的主動和占有性。再則，家狗的發情場合，往往是一對一，或者是兩三隻集聚的少數場合。

野狗的交配狀態，經常七八隻一起遊蕩。那種集體的互動模式，往往讓參與的公狗共同進入既競爭又循規的狀態，各個展現痴憨而盲目的發情樣子。公狗可以強勢，卻不能強迫。牠可以不斷地逼進母狗，永遠離母狗最近，但不一定是母狗想要傳宗接代的對象。

縱使是家狗參與，往往也會服從這種野狗儀式，茫然地以母狗為中心，不斷地遊走，等待接近，以及靜候被母狗挑中的機會。母狗擁有相當大的主動權，挑選自己喜愛的交配者。

通常，母狗挑中的那隻狗，不一定是體型最威猛的公狗，或者是人類眼中最雄壯的。在母狗的眼裡，或許一隻跛腳的，甚至最瘦小的公狗，都可能會比其他健壯的公狗，更容易獲得青睞。母狗的擇偶條件為何，或許值得喜好動物研究的人深探因由。

黑狗一失敗，又重新開始嗅聞無花果的屁股。白狗和大青魚無所事事，隨意趴躺在柏油路上，又好像在見習。結果，又有其他野狗到來。那隻黑狗糾纏得最緊，整個晚上都在嗚叫。蛋白質和半邊則在大馬路的另一邊不斷吠叫，彷彿在抗議道，「吵死人了！」

清晨時，又加入了三四隻，全身汙濁的野狗和皮毛光鮮的家狗都有，每隻都想和無花果一親芳澤，瘋子黑毛也出現了。但牠們都遭到黑狗一樣的待遇，沒有一隻被無花果接納。無花果彷彿在撒嬌，故意在周遭繞來繞去，也沒要到哪裡。但牠一有動作，其他公狗就慌張地緊跟著，生怕錯失了機會。

大青魚繼續在旁邊觀看，好像這件事純粹是無花果的事情。後來，天氣熱了，大青魚走上小山，無花果嬌羞地跟著回去，其他幾隻狗癡呆地搖頭擺尾，彷彿跟著吹笛人的小孩，茫然地跟上了小山。那兒不時傳出狗群騷動的聲音，像是舉辦一場晚間的野宴。

第一一五天

5月

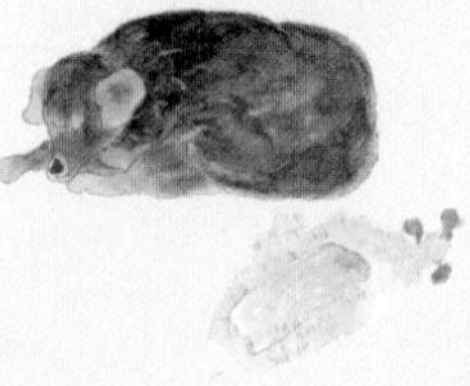

昨天晚上，無花果，大青魚和三層皮集聚空地。一隻菜市場來的土黃色大狗，緊跟著發情末期的無花果，試圖和牠交配。但無花果仍如先前對付其他公狗般，嚷叫著，一直不讓牠騎上身。很顯然，無花果並未接受這隻晚到的大狗。喪失夥伴的三層皮，非常落寞，緊跟著兩隻大母狗，似乎很依賴這種聚會來解決悲傷。牠的頸部殘留著白色鐵絲圈。後腳顯然因被拖拉，再度受傷了。走起路來，又是一拐一拐，每一步都有些吃力。

蛋白質和半邊繼續在草叢裡凝視，對無花果一夥繼續不喜歡，也一直想全然占據空地。半邊似乎逐漸找回在巷口的信心，或者習慣野狗的生活了。當野狗群集聚在小山時，牠和蛋白質趁機在空地晃蕩，朝那兒大力地吼叫，比在摩托車店時更有氣力，彷彿自己才是此地真正的主人。

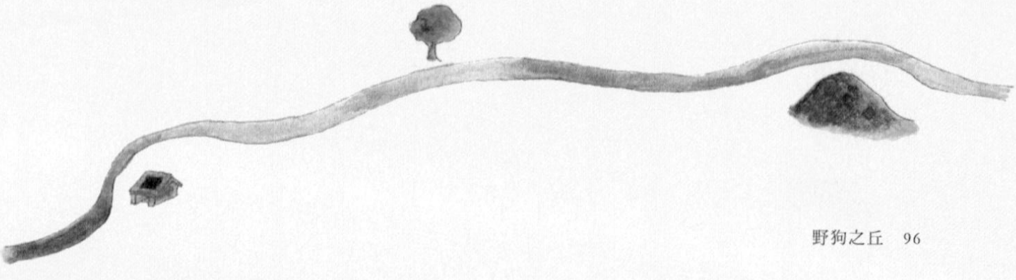

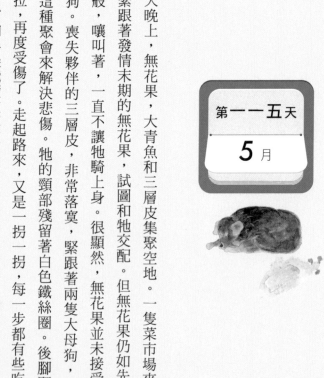

無花果和大青魚繼續在小山的山坡休息，餓了便到垃圾場吃東西。前來交配的各家公狗們終於作鳥獸散。整個小山結束連續幾天的嘉年華會般，趨於安靜了。小冬瓜母子在日落時回到小山，接受了無花果和大青魚一起存在的事實。

經過這番發情期的歷練，無花果和大青魚漸漸體認到自己是野狗的事實。行徑上，不再像一般家狗的天真無邪。由於經常餓肚子，牠們的快樂也被消磨殆盡。

晚上滂沱大雨，不止小冬瓜母子，連落寞的三層皮都走上小山山坡，和無花果、大青魚一起避雨。遠觀之，掛著鐵絲圈的三層皮好像受刑犯，整天拖著一付枷鎖，吃力而苦命地走動，小山上的泥土地面出現了不少類似拖痕的腳印，一看便知，是牠走過的。

豬頭皮消失後，牠們對車棚或空地，更加沒有安全感。先前以豬頭皮為首的一夥已經瓦解，野狗群正在重新組合。

第一一七天 5月

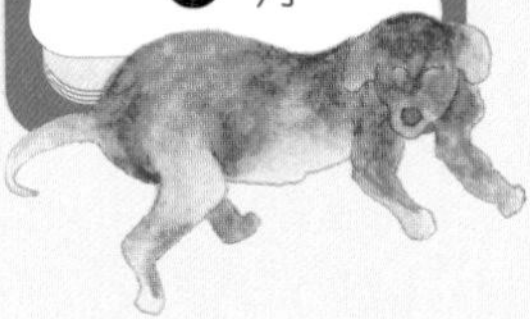

真湊巧，小冬瓜也進入發情期了。這個情形正符合了一般母狗每年發情懷孕兩回的狀態。半年前，牠生下馬鈴薯、小不點等小狗。這時再發情，一點也不教人意外。

一般專家估算過，一隻母狗若平均一年生兩次，那一年牠和孩子共可生下三十隻後代子孫。不知道這是如何算的，一定包括了牠的第一胎小狗。若有六七隻，裡面至少有兩隻母狗。而這一胎的母狗也懷孕生下小狗，這樣林林總總統計，真的有可能如此。

但野狗畢竟不是田鼠，在地洞裡生小老鼠，存活率較高。牠也不是家狗，有主人當後盾。或者，不必擔心被車輛撞死，擔心捕狗人到來，更不用害怕傳染病的威脅。

一隻野狗生活在野外，牠要承擔的危險，遠遠超過一隻家狗。這是小冬瓜第一胎和第二胎，可能有十來隻小狗出生，但最後只有馬鈴薯還勉強存活的因由。馬鈴薯還算幸運的呢，多數小野狗生存的機率可能比這個情況還低吧。

凌晨時，巷子中途的榕樹下集聚了八隻狗。分別是小冬瓜、馬鈴薯、三層皮，還有四隻不曾在巷子出現過的野狗，以及一隻高貴的、似乎帶著高砂犬血統的家狗。這隻家狗一張三角臉，兩頰向口部下收，如狐狸之頭。最主要的，還擁有理想的公狗腰，胸部寬厚結實，腹部上提，彷若健美先生，配合著細長而矯健的腳。

牠搶先對小冬瓜示好，動作急躁而粗魯。小冬瓜一直在閃避，似乎很不領情。其他野狗也不在乎牠的勇猛體型，輪流逼進小冬瓜，試圖獲得牠的青睞。牠們在爭位時，不斷發出吵架的衝撞聲，相互威嚇，卻又僅及於點到為止的衝突。

馬鈴薯在旁邊觀望著，不知在學習，還是無所事事。只是繞著其他公狗，來回踱步。後腳受傷的三層皮雖然行動較遲緩，似乎很興奮地想參與這種活動。

不久，旁邊衝出一個人，用掃帚揮趕所有野狗。那人好像喪失理性般，一邊咒罵著三字經。他生氣的原因，也非見不得好事，只是看不慣太多野狗集聚在那裡，彷彿會帶來可怕的威脅。野狗快速散去，又在別地集中。

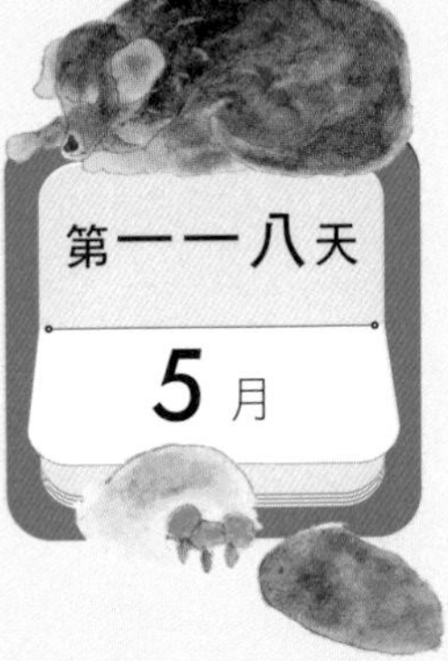

野狗群繼續集聚在大榕樹下。昨天被小冬瓜發情誘引得神魂顛倒的那幾隻，繼續緊跟著牠，只有那隻高砂犬未再出現，八成是被主人關起來了。但增加了一隻右眼為黑眼圈，像《家有賤狗》主角長相的白公狗。只是集聚還未成形，捕狗大隊的車子迅速駛進，長長的捕狗網揮動下，一下子就捉住了兩隻不熟悉巷子的公狗。無疑的，一定是那人報警了。

其他公狗嚇得到處亂竄，隨即又有兩三隻被活逮。小冬瓜很機警，壓低身子，躲入旁邊的轎車下，再跟馬鈴薯迅速溜回小山上。

三層皮更是敏感，當捕狗大隊的車停下來時，彷彿空氣凝結了。牠迅速萌生奇怪的不安，悄悄地躲入旁邊的汽車下。

油桐花逐漸凋零，天氣悶熱，無花果和大青魚在小山休息，甚少下山。清晨，大馬路又傳來淒厲的慘叫聲。可憐的半邊，正在恢復自信心。未料到，才走到大馬路，就被山上社區快速衝下來的車子撞死了。

跟牠一起的蛋白質嗚咽地慘叫著，並且驚慌地跑回空地，一臉哀傷和茫然。被主人遺棄，同伴又意外死亡，還有什麼比這樣的境遇更難過的呢！狗的視覺遠弱於嗅覺，再者，對車速的判斷力，往往像三四歲孩童的反應。在這條下山時車速特快的大馬路上，死於非命的野狗，因而不下於被捕狗大隊捉走的。

下午時，小冬瓜出現在空地。未幾，馬鈴薯從巷口繞過小學校，沿著大馬路過來，並非走一〇一巷。馬鈴薯遇到母親時，高興地湊上前去親臉，一起在空地覓食。這是馬鈴薯單獨

從巷口繞大馬路，跑回小山的第一次。經過半邊的屍體時，牠急忙快步離開，心裡極端地害怕，卻不知如何是好。

午夜時，蛋白質在空地不斷徘徊，低嗚了好一陣。野狗的身分愈久，感傷的情緒會愈淡。畢竟日子就是這麼苦，幾乎每天都悲慘生活，只有認命，為明天的日子，繼續尋找食物，堅強地活下去。但一隻家狗，或者才變為野狗不久，遇到夥伴的死亡，身心不免較脆弱，在情緒上也控制得較差。月光落在牠的身上，照出一條長長的，孤獨而落寞的狗影。

第一二四天
5月

小冬瓜和馬鈴薯遷移進巷口小學的操場，那兒明顯清靜許多。為何小學操場可以隨便進入呢？原來，那操場因捷運工程的關係，地下室正在蓋停車場，操場暫時封閉了。這個情形讓它意外地成為野狗們棲息的新樂園。

有時，這對母子還會到小山，或者車棚旁的垃圾場找東西吃。但基本上，巷底的垃圾場已成為無花果、大青魚和三層皮，新三口組的天下。三層皮頸部仍掛著，捕狗大隊失手遺留的白色鐵絲圈，遠遠地便可看到。後腿的傷勢幾乎痊癒了。其他野狗多半被捕狗大隊捉得差不多了。尤其是菜市場那邊，幾乎無野狗出現。

只有瘋子黑毛，因了大領域的遊蕩，讓牠幸運地安然無恙。然而，原本像荒

野大鏢客般，到處遊走的牠，眼看各地野狗消失，有些不安的氛圍在各地出現，縱使表面上，牠仍無所謂，相信心裡應該也有些疲憊了。

於是，當牠困頓地走進操場，遇見哀傷的蛋白質靠過來時，某種過去積累的情緒，就此迸發了。兩隻白底夾黑毛，長相相似的矮壯型土狗，以前就有些交情。這回互聞後，也不知說了什麼，似乎都有著劫後餘生的感傷。也許，我們可以想像如此平常的狗語對白：

「我好累。」

「我也是。」

「其他狗友呢？」

「都不見了。」

「打算如何過活呢？」

「隨便。」

「好吧。」

疲憊了，不再流浪的瘋子黑毛。

真的，很可能，就是這麼無厘頭的沒有什麼未來計畫的起頭，在磨蹭一會兒後，彷彿有了新的認識，也彷彿前輩子就注定的緣分吧，竟然開始相伴為伍。此後，瘋子黑毛就較少離開一〇一巷，或者說，旁邊始終有蛋白質相伴了。

為何瘋子黑毛的個性變了？或許是捕狗大隊到處捉狗，牠看到菜市場幾無野狗，心裡害怕，等回到空地和小山，看到這兒仍有同伴，似乎比較安心。位居城市偏遠一隅的一〇一巷，暫時成為荒狗們最後的失樂園。然而，它能維持多久呢？

第一二七天

5月

小學操場無食物，巷口只有晚上才有垃圾堆積，小冬瓜和馬鈴薯不免要回到巷底垃圾場的車棚附近，探看菜農有無出現，帶來食物。三層皮也是。牠們偶爾會在那兒碰面，隨即又匆匆分離。

小冬瓜和馬鈴薯身上的皮膚病顯然好了許多。這個原因或許跟天氣變熱，日照變長有關，更可能是離開了垃圾場的髒亂環境。

第一三六天
6月

陰雨天，三層皮單獨回到車棚棲息。菜農如常帶來雞爪和雞骨頭。牠啃咬得吱喀作響，生命力似乎特別強韌。那種賣力和專注地啃咬，似乎有一種去什麼地方都一樣，就回到這兒認命吧的味道。老一輩野狗裡唯一倖存，又二度死裡逃生的牠，不知在想什麼。牠跟小冬瓜一樣，一看見人就遠遠地避開。現在只有菜農，讓牠稍帶安全感。牠專心地啃食，不怕菜農的靠近。不過，菜農試圖將牠身上的白色鐵絲圈拆開時，才解一半，牠就驚慌地跑走。荒謬的是，牠緊張地鑽入草叢時，因強烈地擦撞，竟幸運地將圈套扯落了。

三層皮的頸部顯現些許磨痕，隱隱露出淡紅色的皮肉部位，可能被套住時就受傷了，但因久未拆除，不斷磨擦下，皮毛掉落，導致不斷發炎、流膿，不曾好過。若菜農未動手，那部位說不定會生蛆、潰爛。三層皮因這一意外的脫落，似乎有些驚喜。走路時變得輕鬆愉快。老是低垂的尾巴，甚至微微搖擺起來，彷彿生命裡最快樂的日子就是現在了。

第一三九天 6月

三層皮繼續在車棚，等候菜農帶來食物。大青魚和無花果也出現，參與這項等候儀式。牠們吃完後，一如慣常，上山去避暑。

下午時，天氣轉為陰涼，小冬瓜和馬鈴薯經過空地前往小山。馬鈴薯已經長得和小冬瓜一樣大了，身上的皮膚病已然痊癒。或許，牠的體內產生了抗體，克服了這個從小便附在身上的疾病。牠奇蹟般地捱過了每一個階段的危險，沒有像小不點或其他小野狗一樣，慘遭凍死，或者病死。

現在這對母子精神奕奕，渾身散發著野狗某種與生俱來的韌性和強壯。就好像高砂犬之不同於一般土狗，狼犬之迥異於一般家狗，在野外歷經磨練的野狗，同樣擁有這種機伶和精敏。

只是馬鈴薯的個性依然如往昔，還略帶孩子氣，喜歡胡亂啃咬任何感覺可以吃的東西。

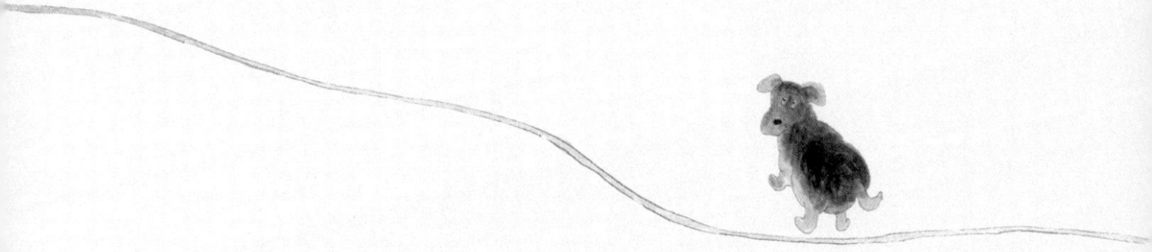

但看來是可以隨時離開母親的年紀，沒有野狗可以隨便欺負牠了。

大概是日子變快樂了，三層皮略為長胖了些，前腳變得更加壯實。牠依舊獨來獨往。偶爾和無花果、大青魚碰面。無花果和大青魚遇見路人時，只要路人表現和藹的行為，就萌生跑過去跟人玩耍、被人搔癢、擁抱的渴望。這種天真的行為，對一隻野狗其實是相當致命的表現。牠們已然籠罩在更大的死亡陰影下。

第一五一天

6 月

豆芽菜很久沒出現在垃圾場了。據說是被釣魚池的主人送走了，也可能因為皮膚病復發，治不好，被帶到其他遙遠的山區丟棄了。

附近的公寓裡，最近來了一隻黑色家狗，每次黃昏時都會放風。牠和無花果、大青魚經常一起玩。大青魚和無花果一瘋起來時，往往忘了野狗的身分，不時會追吠匆促經過此區的車輛或摩托車。公寓裡的人開始抱怨了，擔心有孩童被野狗咬傷，有回還衝出來追打。無花果的肚腹明顯變大了。

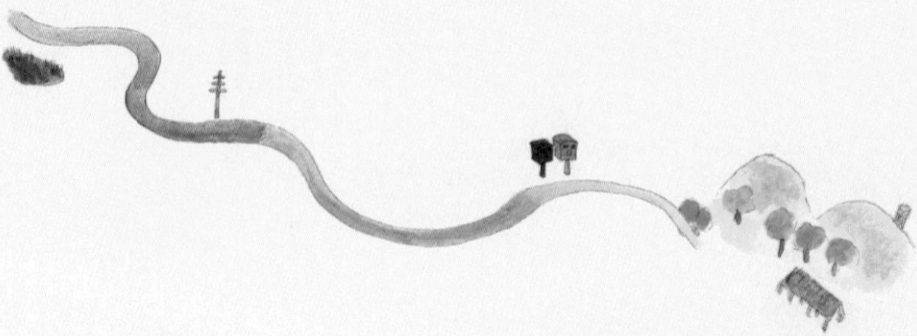

第一五五天

6 月

炙熱的天氣，小冬瓜和馬鈴薯住進空地的廢家具區。馬鈴薯經常獨自在草叢裡玩耍，再過兩個月，牠就要成為一隻成熟的公狗。假如馬鈴薯是母狗，現在也快接近生育的年齡。或許如同人類的青少年，正在發育，牠更常流露餓肚子的眼神，不時到公寓後的草叢尋找人類丟棄的食物。現在看到蝴蝶，懶得理了，而那隻偶爾出現的野貓經過時，牠也不在乎。反而是野貓遠遠地便避開了。

無花果快生了，奶頭低垂。這或許是牠第一次，也可能是在野外的第一次生小狗，毫無經驗下，小狗能倖存嗎？牠和大青魚把垃圾場視為領域，一般人若接近，都會遭到吠叫、威嚇，除了菜農和撿拾垃圾的老人。

可怕的是，環保局在社區的每條巷子都貼了公告，內容提到，最近將不定時來捕捉野狗，希望養狗的人家盡量把狗關在家裡。

對還存活的野狗來說，這是一場幾無生存機會的城市狩獵遊戲。牠們是被射殺的獵物。永遠的輸家。三層皮、無花果和大青魚，無疑會是這一波被捕捉的對象。

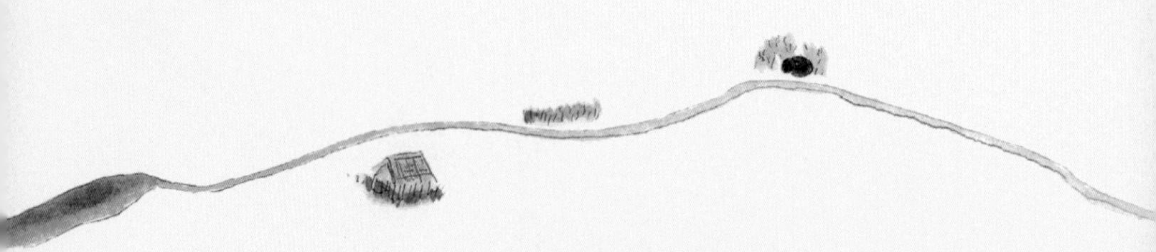

人們是因為憎惡野狗，捕殺牠們嗎？相信這個立論是不可能成立的，仔細深思，我們會恍然發現，人類只是因了城市乾淨和安全的需求，竟形成一道捕殺野狗便可以解決的論述。換言之，野狗並非嚴重地危害到我們，或者威脅到人類的生存。

我們再從野狗的角度思考。牠們並非來自野生的世界。人類的世界其實便是野狗的世界。牠們不曾以野生的型態存在過，卻在城市裡，因為人類的遺棄，逼得去摸索著這樣的一條絕徑。怎奈，人們未尊重動物在城市的生存權利，繼續撲殺牠們。

第一七四天
7月

強烈颱風過境，清晨時，馬鈴薯在空地蹓躂。昨晚，牠和小冬瓜從小學操場搬回這裡。原來，小學操場的施工圍籬被吹垮了。小冬瓜帶牠住進一處廢木板的堆積處，鑽入木板的空隙裡避雨。馬鈴薯找到一些食物，囫圇吞完，回去找小冬瓜。

未幾，瘋子黑毛和蛋白質一起到來。馬鈴薯向牠們吠叫，好像是說，「這裡是我們先來的。」瘋子黑毛和蛋白質未理睬牠，在另一個角落避雨。

這對新夥伴還在到處遊蕩，蛋白質似乎恢復到處探勘的樂趣，瘋子黑毛則尾隨在後頭，彷彿一位疼愛老婆的先生，跟著喜愛購物的老婆日日逛街，自己對購物卻毫無興致，或者是看多了。

蛋白質最喜歡走到一〇一巷的幾間飲食店磨蹭。那兒好幾位

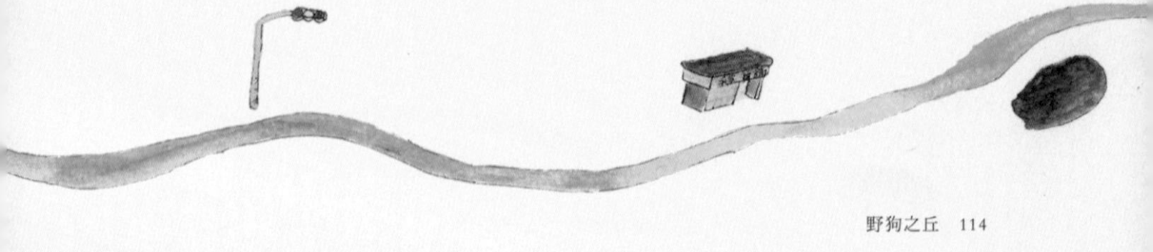

老闆還認識牠，多少會遺留一些食物。蛋白質現在去的時候，老是搖著尾巴，儼然告訴全世界，牠現在是最幸福的狗。

瘋子黑毛都在巷子對面的走道上等候。牠們是一對堅貞的伴侶，縱使蛋白質日後發情，恐怕其他野狗都很難從瘋子黑毛身邊搶走蛋白質。雖然，狗專家或者動物學者，多半會對這樣的看法嗤之以鼻。但相信很多家狗都有這樣特別的行徑，藉以確保，下一代是自己的孩子。和夥伴維持緊繫的親密關係，此等狀態在野狗身上出現，多少有這樣的可能性，而非我們認定的一隻母狗發情，旁邊一定有來自各地的野狗，環繞著牠，供牠挑選傳宗接代的種狗。質言之，這樣一成不變的求偶儀式，其實在狗族的身上，不盡然是唯一的配對方法。

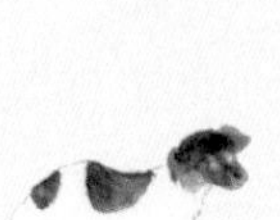

第一八四天
7月

無花果繼續在垃圾場出現，肚腹變小，但奶頭依舊下垂，一副無精打采的樣子。牠的眼神充滿飢餓狀。很顯然餵奶、照顧出生的小狗耗損了大半的體力和精神。牠大概是沒有經驗，竟然就選擇在髒亂的垃圾場裡面，把一窩小狗安置於一個廢棄的舊紙箱盒。大青魚現在常和三層皮一起躲在林子裡避暑。

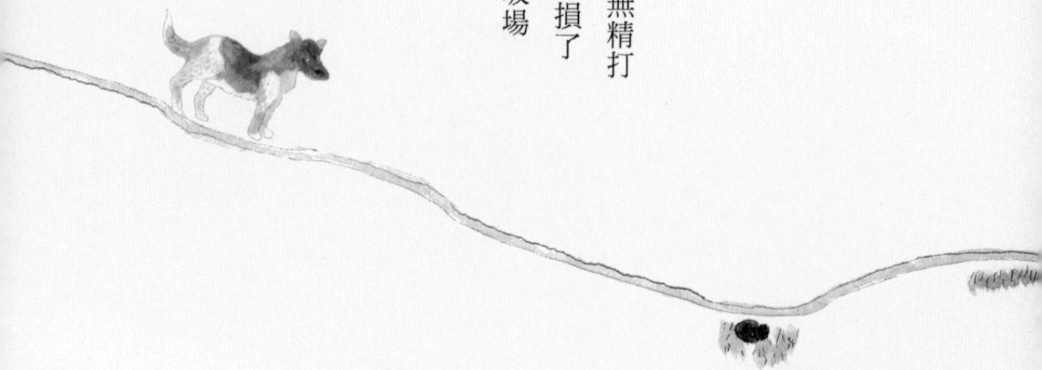

第一八九天
7月

無花果竟和大青魚、三層皮集聚在一起，躲在土坑裡避暑。牠們躺在土坑，清楚地聽到，垃圾場的芒草叢裡傳來小狗的嗚咽聲。

芒草叢裡的小狗至少有四隻。有一隻黑色的，仍在蠕動。小狗們睡覺的環境，陰濕而隱蔽，或許可以避暑，卻不一定能擋住蚊蠅的干擾，以及疾病的傳染。

那是無花果生的小狗們，為何牠不去照顧呢？難道小狗們患了病？還是初為母親不知如何餵養，小狗已經出現問題？無花果和其他野狗們懨懨地躺著，什麼都不想做，又似乎無力可回天的感覺。

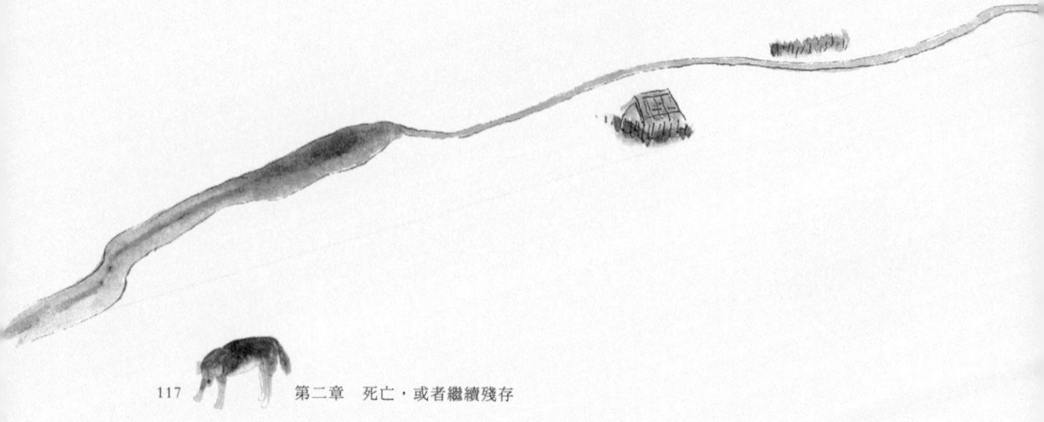

第一九二天

7月

小狗們正在逐漸死去。

第一九四天

7月

昨天，山腳傳來小狗有力的嗚叫聲。原來，無花果將其中一隻咬到那兒安置，那是一隻黑白而肥胖的小狗。大青魚和無花果依舊在不遠林子邊的土坑休息。小狗已經長了一些毛，但這也是那隻小狗的最後哀嚎。

一隻不知從哪裡來的大黃狗，出現在垃圾場，準備騎上大青魚。大青魚顯然不願意讓大黃狗交配，每次大黃狗一騎上去，大青魚便側躺，翻出四腳抵抗。大黃狗甚覺無趣，未多久便離去。明顯地，大青魚進入發情期了。

大青魚尿尿時，會刻意以後腿半蹲，再抬起一隻腳，把尿灑

小狗死後，心情沮喪，充滿挫折感的無花果。

在電線桿、大樹和柱子上，試圖將尿味散發得更遠。不知這個策略如何。未幾，又有好幾隻狗聞風而來，牠們放棄了既有的生活行為，再度於此，展開了一場看似愚不可及的求偶儀式，一如人類的某些宴會場合。

相對於此，瘋子黑毛和蛋白質所發展出來的相親相愛，應該是很特殊的例子。這種緊密伴侶的關係，在家狗的型態裡屢見不鮮，但在野狗會出現，當然是耐人尋味的，而且是比較不符合野狗生存的機制。多數野狗寧可是狐群狗黨般，三四隻為伍，盤據一個區域。在領域裡面和邊界，到處遊蕩。自顧自的生活內容裡，也透過不同夥伴的照料、合作，安全地度日。

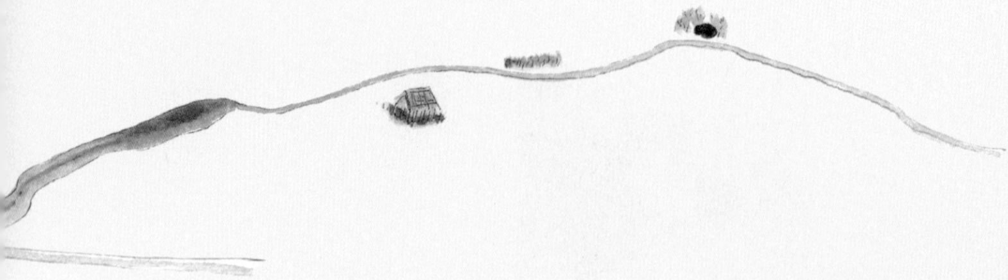

小冬瓜和馬鈴薯一直待在小學操場生活。前天深夜，牠們到巷口的垃圾堆覓食。早晨，一位工人到小學操場檢視。牠們自草叢驚起，勇敢地涉過颱風後的淺水灘，再沒入草堆裡，像極了非洲草原裡兩隻勇敢的土狼。馬鈴薯已經比母親的體型還大了。

無花果和大青魚明顯地充滿挫折感，凡是有人經過車棚，都會仰腹朝天，希冀人們幫牠們搔癢，似乎想藉此忘記小狗早夭的挫敗。

第二三八天 9月

馬鈴薯遠遠地趴在草地上凝望。小冬瓜兀自在操場空地咬食物，分次將帶回的排骨吃完，如此貪食，意味著，又一個發情的徵兆出現了。

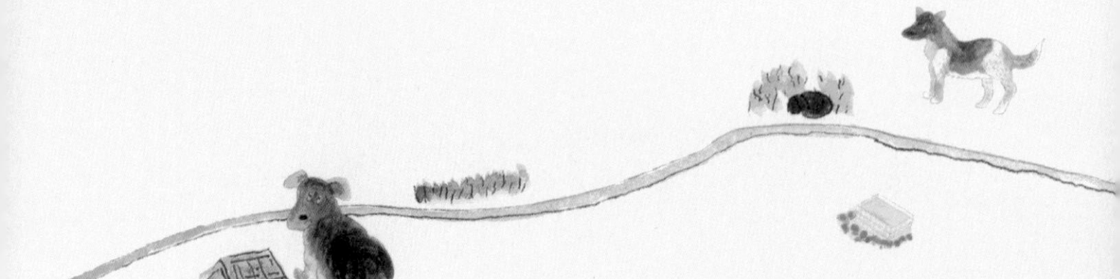

第二四〇天
9月

豆芽菜竟出現了，原來牠不是又患了什麼皮膚病，而是懷孕了，蟄居在釣魚池。

前些時，生下小狗。其中幾隻小狗被送走後，牠失魂落魄了好一陣。最近體力好，心情好轉，才出來蹓躂，卻未見到任何野狗。一條沉靜而死寂的巷子。

牠嘗試著第一次翻過小山，抵達空地，赫然發現，那兒有一群野狗。牠興奮地跑了過去，結果發現有六七隻野狗都不曾接觸過。只認識走在前面的小冬瓜，還有在更前方晃蕩的馬鈴薯。

小冬瓜果然發情了。另外的六七隻，緊跟在牠的屁股後，有

消聲匿跡一陣的豆芽菜懷孕了。

點不知所措地亂跟，期待著小冬瓜接受牠們之一，和牠們交配。其中一隻體型最龐大的黑狗跟得最緊，尾巴不時挺直，高舉著，這情景看得出黑狗在狗群裡的交配地位。但尾巴再高，這時對一隻母狗而言，似乎還不是最重要的條件。

上回，四個多月前，小冬瓜曾發情，不知為何竟未生下小狗。可能是捕狗大隊干擾，才喪失機會。

儘管捕狗大隊捉得兇，野狗棄養的數量，尚未明顯減少。整條巷子殘餘的野狗繼續活著外，似乎又有不少小狗出生，或者還有其他野狗，從各種可能的遺棄管道裡出現。

下午時，小冬瓜和馬鈴薯繼續在空地現身。這回只有一隻公狗尾隨。這隻公狗便是一〇一巷最肥壯，綽號叫大牛的灰狗。牠是惡犬藍帶在巷子裡，比較顧忌的一隻。擁有羅特威爾血統的大牛，緊跟著小冬瓜。馬鈴薯不時落後，在草叢裡找東西吃。有趣的是，小冬瓜彷彿不知如何跟莽撞的大牛單獨相處，或者生怕大牛脅迫牠就範，竟趴下來等馬鈴薯覓食完，趕上來，才願意繼續前行，一起進入小山。大牛的體型少說有小冬瓜四五倍，牠如何與小冬瓜交配呢？無論如何，由於大牛的出現，其他公狗並未再接近，因而那樣一大一小的求偶畫面是有些滑稽的。

馬鈴薯依舊不改愛吃的個性，牠什麼都吃。諸如發霉的麵包、

發臭的麵條、或是放置許久的乾硬麵包等，都吃得津津有味。這大概是跟牠從小沒什麼食物，看到便吃有關。這方面，連牠的母親小冬瓜都不如牠。而其他野狗，或許都不是直接野外出生，有時對人們丟棄的食物就沒有這麼大的興趣。

現在，馬鈴薯常單獨快速地從小山出來，穿過巷子，到巷口覓食後，再回家。小冬瓜發情後，牠似乎更加孤單，經常過著一隻狗的單獨生活。小冬瓜若再生小狗，那時牠會去哪裡呢？

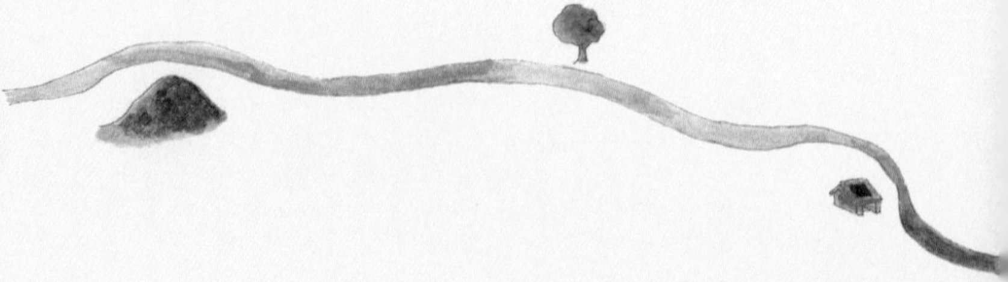

一隻母狗的發情期少說都有一個星期的時間。那幾日，總是引發附近的公狗寢食難安。小冬瓜母子在小學操場時，有三隻公狗隨侍在旁，除了尚未得逞的大牛，另外兩隻不知從哪兒來的，似乎對大牛毫無顧忌。後來，牠們前往小山，又多了一隻毛茸茸的公狗。大牛的死對頭，藍帶也出現了。

在面對小冬瓜發情時，公狗間平時的對立和威嚇似乎都迎刃而解。大家專注於接近小冬瓜，重新另一種比賽。交配的競逐裡，強大而威武的形容，不見得就會獲得青睞。母狗接受的公狗往往超乎我們的預判。藍帶和大牛在這時都顯得缺乏自信，沒有絕對

無花果大概是想起自己的小狗吧，掩不住悲傷的神情。

無花果無奈地望著大青魚餵食小狗，欣羨地旁觀著。

的把握。這種野狗遊蕩的交配儀式裡，沒有公狗是信心十足的。

小冬瓜和馬鈴薯的皮膚病早已痊癒，牠們的皮毛變得非常光鮮漂亮。尤其是小冬瓜，大概是發情吧，全身的皮毛泛著柔和的光亮。很難想像，牠曾經患有皮膚病，經常滿身汙濁，充滿血痂的病容。

小冬瓜母子走到巷底覓食，其他野狗跟著，大部分時候都在注意牠們覓食。這時，許久不見的無花果現身了。牠高興地搖尾，在一名經過的路人身邊打轉。草叢裡傳來小狗聲。無花果聽到叫聲，隨即往那兒的草叢鑽入。那兒有一窩小狗。

無花果才失去四隻小狗，怎麼可能又懷孕呢？原來，那是大青魚的孩子。

無花果在幫忙照顧。這一回，牠們似乎較懂得撫育小狗了。無花果後來走到半山坡休息。大青魚卻自個兒溜到垃圾場覓食。離去時，並未直接回窩，而是繞了個小圈，再鑽入適才無花果進入的草叢裡。小狗有五隻。

無花果（左）最後還是從大青魚那兒分到了一隻小狗，可以展現另一種母愛。

有一小狗接近無花果（左），大青魚未排斥。讓牠一解小狗死去的悲傷。

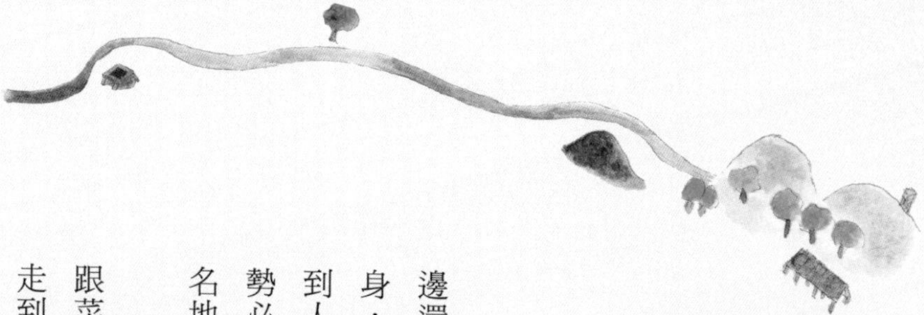

第二四六天 9月

無花果繼續趴在小山入口處的草叢。一隻棕色的小狗正偎在牠的腹部，旁邊還有兩隻小黑狗安睡著。菜農接近時，牠並不害怕，或者感受到威脅。牠起身，走到菜農跟前，隨即翻躺。小腹朝上，渴盼菜農幫忙搔癢，似乎很久未受到人們疼愛般。養育小狗是何等重大的責任，牠居然仍能如此耍賴，可見以前勢必生活在一個很疼愛牠們的家庭。就不知當時的主人為何會棄養，讓牠們莫名地流落街頭。

等菜農整理完菜田，從小山回來。無花果依舊未回到五隻小狗身邊，只想跟菜農撒嬌。五隻小狗在草叢裡胡亂掙扎。又等了好一陣，無花果終於起身，走到其中三隻小狗前，把三隻小狗叼聚一起。舔身後，隨即離去，在旁邊的草

叢趴著。這時，大青魚現身了，迅速來到，看了一下三隻小狗，馬上露出尖銳的白牙，對無花果發出低狺之聲，似乎很不高興。好像在跟牠說，「這樣的照顧，我不喜歡。」

無花果的行徑證明，牠將自己喪失小狗的落寞，移情到大青魚的小狗。或者，無花果很可能和大青魚有著血緣的關係吧。無花果似乎想堅持意見。大青魚繼續狺吠，低吟了好幾聲。無花果硬是賴著不走，竟然坐下來休息。

三層皮始終在另一邊的土坡上休息，不理會這兒正在發生的事。

第二四七天
9月

小狗們分散在不同的角落。大青魚對接近的陌生人都兇猛地威嚇，但不管小狗活動。其中一隻，大概亂鑽，爬到了山坡的草叢，未受到照顧，不斷地嗚叫。大青魚兀自到垃圾場覓食。無花果見勢，走到那隻小狗旁，幫忙安撫，把牠叼回原先的位置，免得牠滾下山。之後，無花果也到山腳，餵食另外兩隻小狗。兩隻小狗吸得悉嗦響，另外兩隻在安睡。無花果顯然比做母親的大青魚更勤於照顧，很少離開附近。小狗看似十分幸福，有兩個媽媽伴護在旁。

第二四八天

9月

菜農覺得必須幫母狗補身，買了兩個魚肉罐頭，準備請無花果和大青魚吃。到了小山入口，菜農一吹口哨，無花果和大青魚便跑出來覓食了。菜農將罐頭打開，牠們迅速將魚肉舔食乾淨。主要是大青魚在進食，無花果等大青魚吃了一段時候才跟進，很顯然在禮讓大青魚。大青魚吃完後，走回山腳的草叢，滿足地休息。

三層皮先前看到菜農時，早就神經質地起身遠離，牠並非對罐頭毫無興致，而是全然不相信人類了。

五隻小狗都躺在登山口附近，其中一隻還躺在路中，萬一有車子路過就麻煩了。

大青魚和無花果太相信人類了，這是最大的隱憂。如

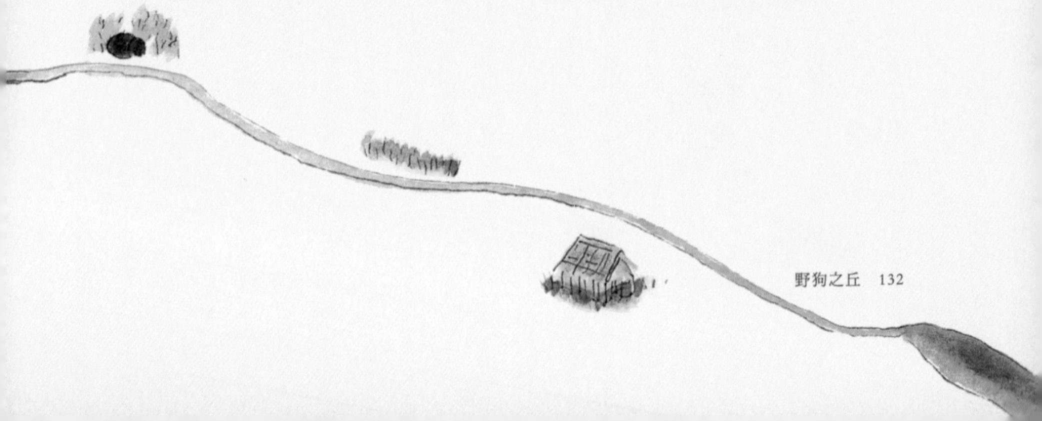

果是小冬瓜絕不可能做出這種事。菜農試著把躺在路上的一隻提起，放到旁邊的草叢。那小狗生平第一次被兩個媽媽以外的陌生人擁入懷裡，大概是受到驚嚇了吧！一直往裡頭鑽。後來，大青魚趕到，就在草叢裡餵奶，小狗才靜下心來。若是馬鈴薯小時，大概會反咬菜農吧。

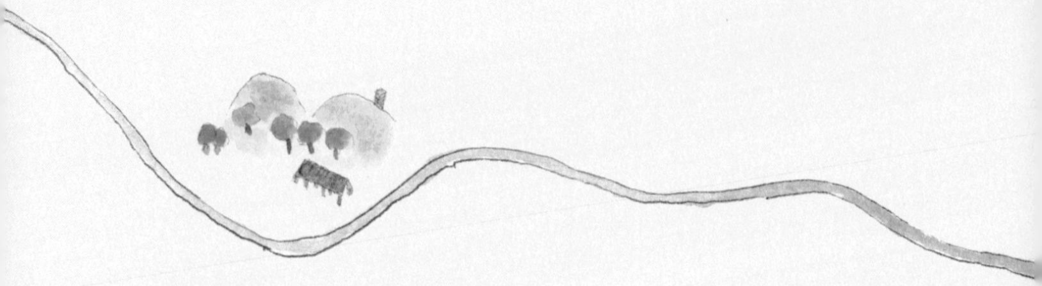

第二五〇天 9月

昨天小冬瓜母子經過空地時，已經沒有公狗跟隨了。小冬瓜的發情期顯然已經過了。晚上，牠們到巷口的垃圾堆覓食，好幾隻公狗都在那兒，包括先前緊跟小冬瓜，試圖交配的。現在，沒有任何狗搭理誰，彷彿互不認識。先前公狗們的熱情都不見了，一切又恢復正常，各吃各的。到了白天，藍帶一如往昔，在巷子裡橫衝直撞，繼續挑釁大牛。但牠遇到瘋子黑毛和蛋白質時，似乎有些顧忌，識時務地從旁避開了。

菜農又帶了罐頭前往小山山腳餵食。大青魚和無花果一下子就吃完了。當然主要還是大青魚吃掉的，無花果依舊禮讓牠。空罐頭後來被菜農踩扁，但無花果仍咬起，帶到別的地方去舔食，把空罐頭弄得咚咚響。

大青魚吃完後，回到路邊的草叢裡餵食三隻小狗。有兩隻各自分散在其

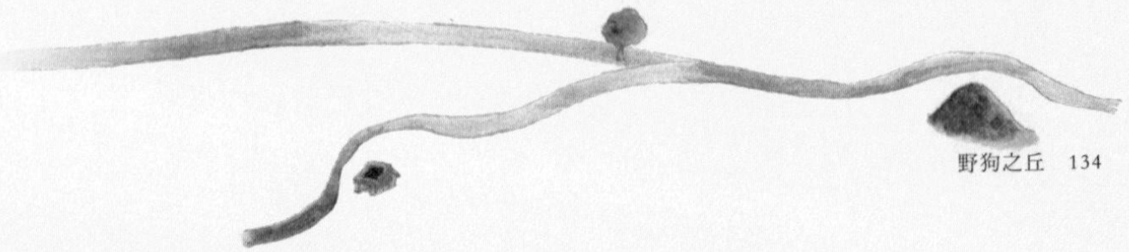

他隱密的草叢裡，細弱地吠叫著。牠也不管。有一名計程車司機想到山腳尿尿，因為必須經過大青魚的位置。無花果和牠衝出來吠叫，嚇著了司機。後來，無花果跑到小池塘邊洗澡，顯得相當興奮，彷彿打敗了什麼，竟在水邊來回衝刺。如果沒有人來干擾，小山就是牠們這對母親和五隻小狗的快樂天堂。

無花果回到山腳時，大青魚依舊在餵奶。但另外兩隻嗚咽的小狗，依舊落單。無花果叼了牠們進入旁邊的草叢，也餵起奶來。後來，大青魚過來探視，彷彿在看無花果有無盡本分。然後，又回到原來的位置。

後來，不知為何，有一隻小狗失蹤了。

九月末時，馬鈴薯（右）比母親小冬瓜（左）壯碩多了。

菜農再帶罐頭到山腳餵大青魚和無花果。大青魚先跑出來，把罐頭裡的食物囫圇吞完。等無花果出來時，只剩空罐子。無花果一如先前猶捨不得，不斷地舔食罐頭。四隻小狗分兩堆，隱藏在草叢裡。

豆芽菜最近又頻頻出來巷子走動，仍是一副失魂落魄的樣子。最後的兩隻小狗被抱走了，只剩下牠獨自一隻，肚腹的奶子仍舊低垂下來，彷彿猶有奶水可餵食小狗。牠想接近大青魚的小狗，但大青魚兇狠地威嚇牠。

報紙報導，最近幾日起，一連十天，台北市將進行有史以來捕捉野狗最大規模最密集的一回。這次，為了捕捉效率，對於捕捉的工具不再那麼講究，也不顧及人道了。譬如，捉到野狗後，像丟棄物品般，直接甩到車上，或者以鐵絲綁在車上。運送的犬籠也無飲水和排泄等設施。野狗們在過程裡，勢必飽受驚嚇、痛苦和傷害。

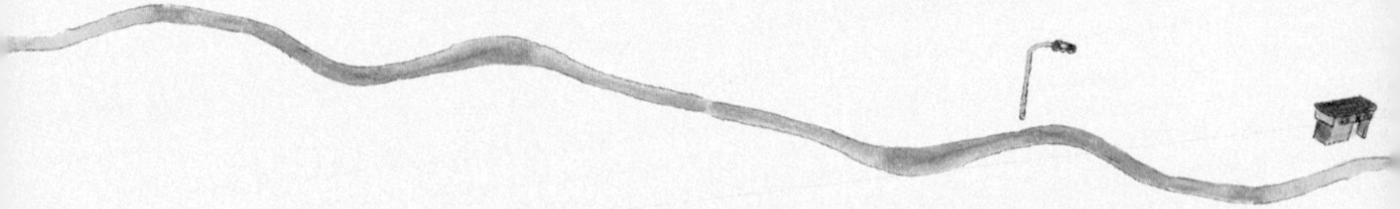

第三章　垃圾消失的最後時光

第二五八天

10月

無花果的乳頭已經乾硬、縮小，明顯地已經停止供奶了。大青魚依舊呈桃紅色，而且下垂。這是繼續餵奶的跡象。只是牠顯得相當疲憊，毫無精神。

一般母狗在產後，身體往往相當虛弱。光是餵奶、照顧小狗的責任，就讓牠體力耗盡，難以遠行。小冬瓜才會就近在垃圾場覓食，但小狗住的地方仍保持一段距離。大青魚可能是初為野狗，又生了小狗，照顧的經驗不足，常顯力不從心，無花果先前也有這個問題。縱使菜農帶來罐頭飼料，縱使牠們選擇了垃圾場旁邊的山腳餵育。餵育期間，自己和小狗的營養似乎都無法允當地補充。

四隻小狗長大許多，已經會張開眼睛，同時勉強能用四肢爬行了。陌生人接近時，還會發出低沉、咕嚕的狺聲。菜農在上山的小徑上，看到一具動物的屍體，頭已經不見，皮毛也只剩後面還附有一些。原來是隻小狗的屍體。可能是大青魚的小狗，前幾日失蹤的那隻。

第二六〇天 10月

四隻小狗已經能爬出草叢的窩，再搖晃著爬回去休息。眼睛都睜得明亮。無花果消失了，連三層皮也不見蹤影。牠們一起不見的。原來，無花果的奶水沒了，大概知道這種餵育責任，已經沒有自己的分，乾脆和三層皮一起度日。

大青魚繼續疲累地遠眺著小狗們，在車棚下休息。

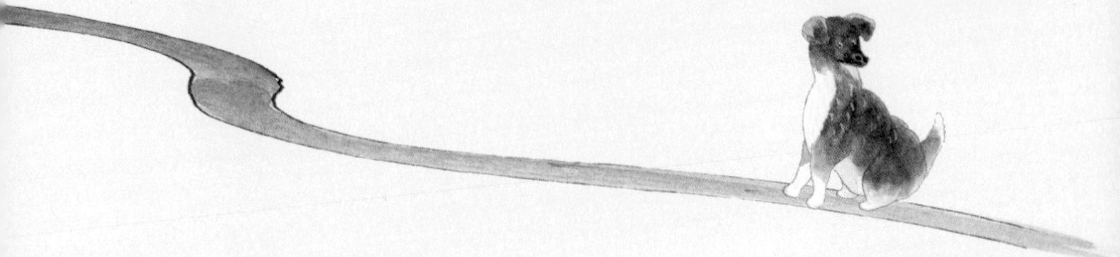

第二六五天

10月

　　昨天席斯颱風過境，一位附近的住戶帶著剩飯剩菜到小山山腳傾倒。大青魚和無花果都過去找食物。三層皮以為發生了什麼事，興奮地衝下來。結果看到那人，彷彿遇見了捕狗大隊的人，嚇得夾尾，慌張地溜回山上去。

　　那個人同樣被三層皮的奔跑嚇到，惱羞成怒，拾起旁邊的木塊，奮力地丟向三層皮。那木塊可能帶有鐵釘，很不幸地，又擊中三層皮的身子。牠在林子裡發出悲慘的哀嚎。

　　大青魚嚇得帶著四隻小狗進入一處芒草叢躲避。小狗們現在勉強會走動了，但都不敢離開居留地太遠，至少不會跟著母親亂跑。母親一離開，牠們便待在原地，最多在出口玩

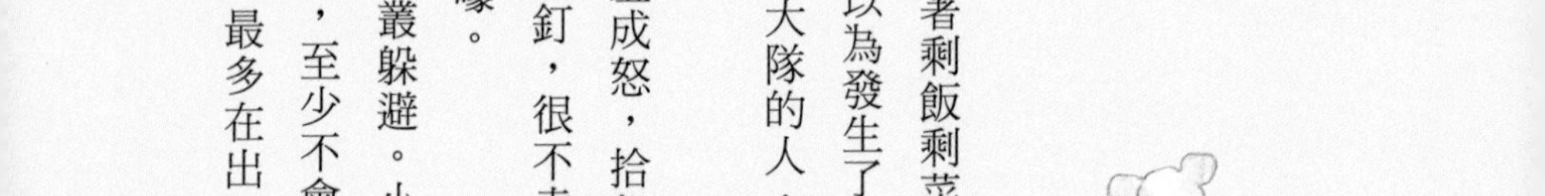

耍，跟國家地理頻道《動物奇觀》影集裡，小土狼的行為近似。遇到危險時，懂得快速地躲回草叢。

小冬瓜母子一連兩天都從空地前往小山，但未出現在垃圾場。無花果和大青魚居住的地方，似乎成為牠們活動的禁地。馬鈴薯現在看來相當矯健，比母親壯碩。

畢竟是從小克服野外環境的野狗，比一般家狗強壯多了。從小善於避開人群，同時眼見同伴被捕，無疑都使牠更為機伶吧。

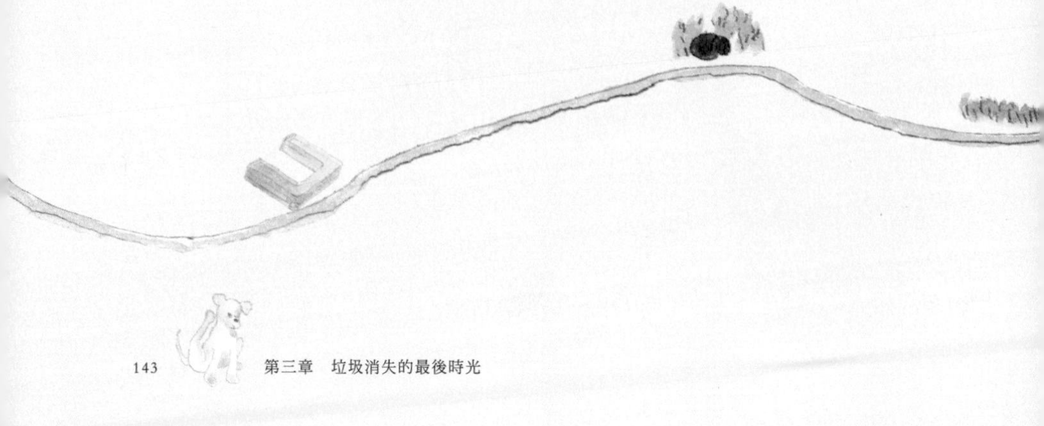

第二六六天

10月

早晨空地上，有人丟棄了兩隻家狗，包括籠子。一隻黃狗長得近似小冬瓜，體型略大一些。另一隻小棕狗，毛有些凌亂。小棕狗一直糾纏著黃狗。黃狗看來像是母親的樣子。

兩個小時後，那隻黃狗和小棕狗仍在鐵籠附近的空地滯留，生怕離開那鐵籠，主人就找不到牠們。一遇到任何風吹草動，迅快地回到那裡等候。

中午時，一名垃圾清潔工人經過，遭到黃狗吠叫。工人撿起磚頭擲向黃狗，擦到牠的身體。黃狗痛得嗚嗚叫。午夜時，黃狗和小棕狗吠叫了一整晚，顯得很不安。被遺棄的惶恐，全然展露。

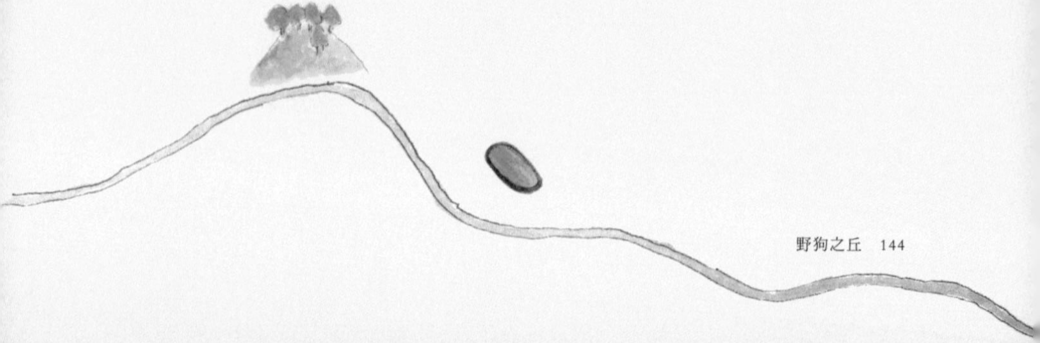

第二七二天

10月

大青魚和無花果在垃圾場邊的芒草叢遊蕩，四隻小狗跑出來，和兩隻大狗一起玩，好像那兒是牠們的快樂家園。路人經過，丟棄垃圾時，牠們衝上來，尋找裡面的食物。有些人見小狗可愛，還會過去逗弄，其中一隻竟被小孩當玩具般抱走了。

空地上的那對棄狗，似乎一直處於挨餓狀態，仍不敢離開。小冬瓜和馬鈴薯經過空地好幾次，都和這對新來的棄狗照面，但迅速離去，彷彿看不起牠們，不願意接觸。

家狗被遺棄時，多半需要一段時日的調整，才可能被在地野狗群接納。這個過程裡，牠還得放棄看門狗的思維。當牠遇到在地野狗時，必須擺出虛心求教的卑微姿勢，而且再如何高壯，都得矮化自己的階級。以這對棄狗為例，若死皮賴臉地跟著小冬瓜行動，久而久之，說不定會形成一個新的組合。但牠們堅持待在空地，在地野狗自然會視為外來的不速之客。

第二七三天

10月

昨天，菜農來到小山，準備去菜畦時，看到大青魚和一隻棕色小狗。今天卻未發現任何小狗的蹤影。他試著找了半天，未有任何跡象。大青魚緊跟著菜農，一臉茫然，並未回到那兒去。這使菜農有些困惑，不禁懷疑，莫非其他三隻小狗也被人家抱走了。

連續冷雨後，小冬瓜和馬鈴薯躺在空地一端，安逸地晒著太陽。另一頭是那對到處觀望，像傻瓜的棄狗。和小冬瓜母子相較，牠們顯得笨拙，不會照顧自己，皮毛也凌亂許多。

馬鈴薯現在的皮毛柔軟而漂亮，充滿一種野性美麗，那是一般家狗難以擁有的自然色澤。很難想像，半年前，牠還是一隻皮膚病很嚴重，耳朵潰爛，眼神茫然的小野狗。

晚上的月光照射下，馬鈴薯和小冬瓜光滑優美的皮毛，更呈現漂亮的曲線，說牠們是一〇一巷最美麗的野狗，絕不為過。但小冬瓜的腹部明顯地略為增胖，乳頭變大了。

那對棄狗被跑過的老鼠驚嚇到，似乎睡得很不安穩。

無花果和大青魚跟著菜農翻過小山，在菜畦前趴著休息。小狗在，不遠離。兩隻大狗如此無所謂，菜農研判小狗們可能都被人捉走。大青魚的乳頭，除了一顆猶是粉紅色下垂狀，其他都已逐漸乾癟。這是沒有小狗來吸奶的結果。

菜農下山時，卻聽到山坡有小狗叫聲。菜農聞聲趕去，大青魚尾隨而至。赫然看到一隻棕黃色的小狗。難怪大青魚只有一個乳頭還呈粉紅色。小狗依著大青魚，看到菜農很緊張。其他小狗呢？菜農四下搜巡，結果什麼都未發現。

最有可能的假設是，其他三隻小狗在幾天前一一被抱走了。而抱走的人可

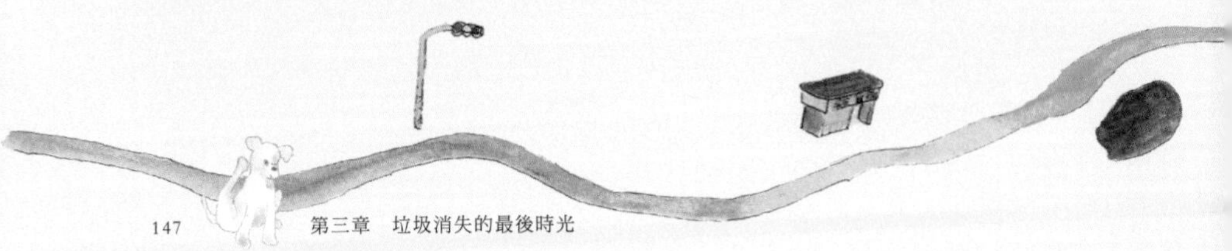

能認為總要留下一隻給大青魚，免得牠傷心吧！大青魚大概是害怕了，遂帶著最後一隻小狗到山坡來躲避？被抱走的小狗，若是遇到善心人士，好好照顧牠們也不錯。

畢竟，和母親一起生活，目標太醒目，必須面對隨時被圍捕殺害的命運。

留下來的小狗叫小四。牠的三個兄弟，或許都有很好的未來，而牠也能在小山和兩個母親一起快樂過活。相對地，只剩下一隻，大青魚或許更能全心照顧，輕鬆地度日。

第二八八天

10月

不同的母親，教出來的小狗個性自有差異。大青魚不像小冬瓜的機伶，善於懷疑。小四似乎也沒馬鈴薯的警戒之心。牠仍有著一般家裡小狗的調皮。更何況，垃圾場的食物不虞匱乏，先前大青魚吃了很多罐頭，小四難得擁有肥胖的壯碩身子。只是大青魚和無花果上山時，牠都不太敢跟隨，摸索了一陣，尾隨到一半時，就有些害怕而疑惑地停下腳步。馬鈴薯和小不點同年紀時，已經走到空地玩耍，還經常到垃圾場找食物了，但小四只能在車棚和垃圾場來回。小山半山腰儼然是牠童年世界的邊界。

第二九四天
11月

空地上的棄狗不僅未離開鐵籠，體型較壯碩的大棄狗還常欺負小棄狗。只要小棄狗的動作稍大，就會被大棄狗猛咬一陣。小棄狗常倒地哀嚎好一陣。小棄狗雖然老是受到欺負，但依舊緊黏著大棄狗。有人從隔壁大樓丟食物給他們，有時是乾硬的麵包，或是腐敗的水果，牠們依然吃得津津有味。大概是空地沒什麼吃的，每天都一直處於半飢餓的狀態生活。後來，牠們沒事時，經常徘徊，仰望窗口，看看是否有人會將食物丟下來。

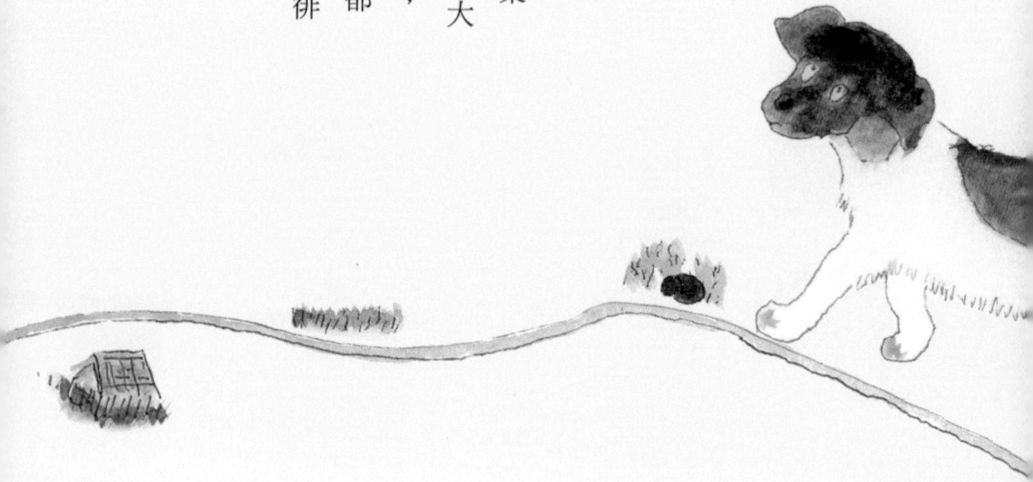

第二九七天 11月

小四終於鼓足勇氣，願意上山冒險。前幾天，牠緊跟著大青魚，一起走到小山的稜線蹓躂。肥胖的牠，擁有大青魚早先出現小山時的開朗和活潑性格，不像一般小野狗，充滿悲傷的眼神，至少不像馬鈴薯和小不點。

小四在稜線玩了好一陣，竟忘了危險。後來，回到垃圾場，繼續探路，獨自溜到釣魚池，偎在一些釣客腳下，毫無畏生之意。豆芽菜熱情地跟牠玩耍，引領牠到處走逛。大青魚似乎不太在意小四的去向，這是過度信賴人類的結果。

那天晚上，垃圾車來了時，小四不知危險，興沖沖地跑去湊熱鬧，大青魚未注意到牠的離開。結果垃圾車離去時，小四消失了。一〇一巷巷底，小山上的野狗族群，一代一代傳承下去。此一小小的美麗希望，就這樣殘酷而現實地破滅。

大青魚餵哺最久的乳頭乾硬了。那天半夜，牠還跑到垃圾場的小屋裡，東翻西找，好像還在找小狗，彷彿牠們仍活著。前幾日失魂落魄的牠，現在又和無花果、三層皮集聚在一起，組成新三口組。

巷口這一端，蛋白質發情了。牠的氣味吸引了七八隻公狗，整天尾隨著牠。瘋子黑毛呢？牠在旁邊緊張地盯著，生怕其他野狗跟得太近。牠好像男朋友監護著愛人，生怕牠變心，但又不能太過保護，不准其他野狗接近。沒想到，一隻遊蕩成性的野狗竟有著顧家的心態了。

蛋白質被跟得太緊時，就會更靠到瘋子黑毛這邊，那動作似乎在跟牠說，「放心，我不會劈腿的。」

有時，瘋子黑毛會橫過去擋住一些猴急逼進的野狗，威嚇牠們離去。其他野狗逐漸感覺這種狀況，或者是懼於瘋子黑毛矮壯的魁梧身子，終究不敢強逼蛋白質，最後都黯然地放棄了交配的慾望。

經過這樣的發情過程，瘋子黑毛和蛋白質更加形影不離。不要說野狗之間，縱使在一〇一巷生活的住民，接觸久了，都能察覺這兩隻狗間，有著緊密的依戀關係。那種關係自非三口組的結黨狀態，而是一種摯愛的情侶關係。

話說肚腹明顯增大的小冬瓜，似乎隨時要生小狗了。牠避開了野狗族群的集會，沿著巷道角落，緩慢地小跑，安靜地找食物，積蓄身子的奶水。牠回到空地時，馬鈴薯趴在那兒，表情漠然，不知想表達什麼，但似乎知道，小冬瓜不可能和牠一起生活了。

第三〇三天 11月

新來的這對棄狗，大概是太吵了，目標顯著，一大早尚未等到可能反悔的主人，就被捕狗大隊捉走了。淒厲的叫聲再度迴盪於小山，其餘的野狗都聽到了。

然而，在這陣哀嚎的慘叫聲裡，小冬瓜在山頭生產了，彷彿又有一些生命的希望燃起。馬鈴薯回到山腳的垃圾場，和新三口組待在一起。大青魚和無花果依舊喜歡黏人，沒搖尾幾下，就側躺下來要人搔癢。三層皮和馬鈴薯看到陌生人，都直覺地以為是捕狗人，兀自往山上跑，把那兒當作最安全的庇護所。

這段日子就這樣單調地重複著，狗世界的時間也不知如何換算的，也許牠們的一天是人類的一星期，一個月則是一年。而從馬鈴薯的成長來說，現在說不定，已有十年那麼漫長了。

小冬瓜仍然在小山山頂附近築窩生小狗，但是這回挑的位置更加隱密，彷彿野豬生孩子一樣，藏在草叢深處。

有一回，牠下山來，馬鈴薯高興地上前迎接。牠並未理睬，兀自走到垃圾場，似乎急切地想找到食物。牠的肚腹下垂，乳頭黑而略顯堅硬，並未呈現桃紅。才生下小狗十多天，乳頭就變化如此快，或許小狗出生後情況有些轉變，都已經死去了。

小冬瓜未找到任何食物，迅速地鑽回林子，又不時機伶地回望，最後翻過了小山。馬鈴薯不敢跟過去。

十二月初，馬鈴薯儼然有著秋田犬般強健的體魄，皮膚病早就痊癒了。

十一月時，馬鈴薯已是隻健壯的小公狗，經常和新三口組一起活動。

第三三二天 12月

清晨時，小冬瓜在車棚邊和馬鈴薯碰頭，繼續保持一個微妙的陌生距離。牠的肚腹最後一對乳頭，其實猶低垂著，並不像前面的乾癟。牠仍如過去急切地覓食，吃完後，迅速跑回山上。

兩隻小狗出來迎接，朝牠的肚腹鑽動，尋求吸奶的機會。小冬瓜再急切地跑到山頂水塔下，那兒還有兩隻安睡著。小冬瓜顯然移到這兒居住了。

馬鈴薯只走到半山腰，望著油桐落葉緩緩飄下，似乎想到什麼，並未繼續往上。牠沿池塘繞到大馬路。大馬路對面有三隻野狗，似乎想過來和牠碰頭，但牠毫無興致，兀自進入芒草叢的空地。

小冬瓜獨自下山覓食，只剩兩個乳頭肥大著，應有小狗死亡了。

第三三六天
12 月

無獨有偶，八月多時喪失小狗的無花果，肚子又漸漸大了起來。大概是第一回在野外喪失小狗，讓牠不甘心，又想辦法懷孕了。無花果都和馬鈴薯一起，憩息於巷子中間的榕樹下。大青魚則和三層皮在小山生活。

中午，一位洗水塔的工人前往小山檢查水塔，驚嚇到小冬瓜。小冬瓜吠了好幾聲，看到工人並未理睬。牠遂主動離開，翻過小山到垃圾場找其他野狗。留下四隻小狗在水塔下方休息。

四隻小狗跟馬鈴薯出生時一樣，羸弱的身上都有皮膚潰爛的紅斑。那傷口感覺還比身體大，身體反而是寄附在痂塊上。蒼蠅

小冬瓜的第三代壽命極短，第二代為馬鈴薯。

不斷在旁邊飛繞。大概小山環境潮濕，又接近垃圾場吧，皮膚病特別容易出現。或者是，這已經內化為小冬瓜的遺傳。

有兩隻特別瘦小，看到工人接近，完全沒有警戒，只是瑟縮地偎集在一起。另一對小狗，其中一隻特別壯碩。牠們好像當年的馬鈴薯和小不點，還能在附近走動。不久，牠們溜到另一邊的草叢去。

第三三八天
12月

最瘦小的兩隻小狗在連綿的冬雨裡過世了，屍體橫陳在姑婆芋旁邊，許多蒼蠅飛繞。活著的一對，一棕一黑，身子圓滾，活潑好動，又為陰暗了數日的小山帶來歡樂和希望。或許，早年馬鈴薯和小不點也是這樣。但隨著時日愈來愈苦，牠們變得個性陰鬱，精神萎靡了。

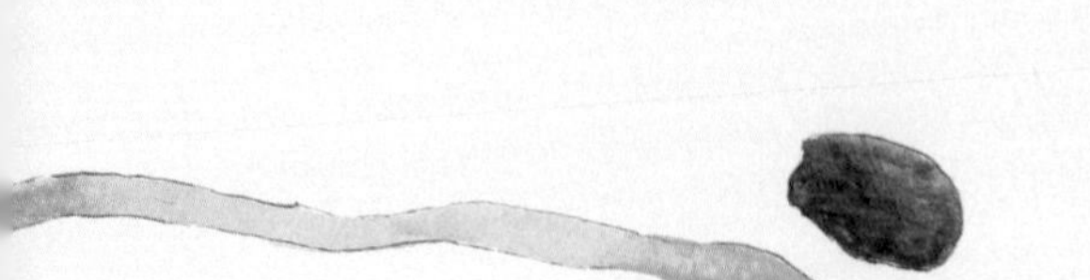

陰雨連綿好幾日，馬鈴薯和三層皮、大青魚都在小山休息。

無花果懷著大肚子，多半有氣無力地側躺在分叉路的榕樹下，一些臨時停放車輛的位置。從大腹便便的肚子研判，可能最近兩三天就會生產。牠若不進小山生產，在這裡恐怕會招來危險。

小冬瓜帶著最肥胖的棕色小狗，離開水塔區，爬上了以前養育馬鈴薯和小不點的山頭。另外一隻小黑狗，捱不過寒冷，消失在林子暗處。

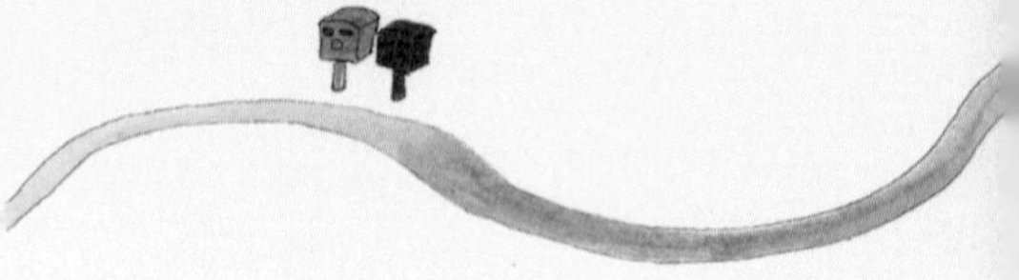

第三四五天

12月

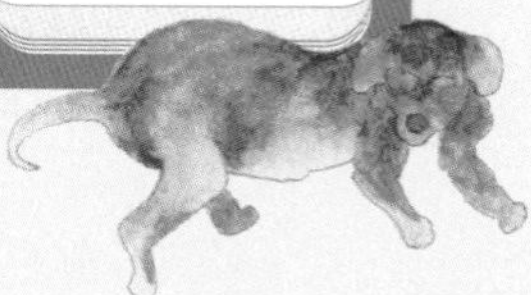

入冬以來最冷的一天。蛋白質和瘋子黑毛相伴到空地，彷彿環境再怎麼糟糕，這個世界只剩下牠們，能夠這樣一起生活，還是可以捱過去。

中午時，榕樹下不遠的草叢裡發出小貓似的叫聲。無花果臥伏在那裡，滿足地舔撫一隻甫出生的小狗。牠的肚子猶脹，還會再生。路人經過，都看到了這一幕。

無花果選擇了一個壞時間和壞位置，生出小狗。菜農趕來，在無花果前面端了一盆奶。同時，用一把綠色舊傘遮住，幫牠暫時躲避路人和寒風。

小冬瓜忍著飢餓，幾乎不曾離開坑洞，生怕小狗凍到了，一直偎著小狗，試圖保暖。相思林裡冷颼颼，連鳥鳴亦不曾傳出，毫無生命的蹤影。

寒流來襲，天氣冷到十二度左右。可憐！小冬瓜的最後一隻小狗，還是未捱過寒冷的天氣。小冬瓜用腳丫子扒了個坑。小狗被半埋於小山上的土堆和油桐落葉裡，露出腐敗的皮毛和腳掌。

山腳下，無花果總共生了六隻小狗。三隻暗褐色，兩隻暗黃色，一隻黑色。不知是哪個路人，熱心用紙箱幫牠做了一個狗窩小屋，下面鋪了舊衣服，讓牠和小狗安睡在裡面。

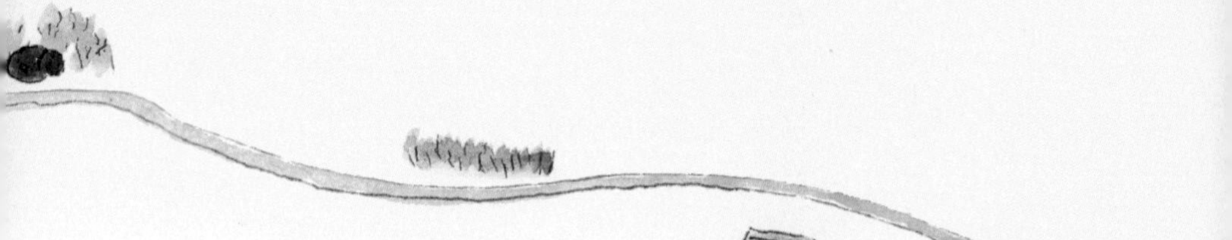

第三五〇天
1月

在附近人家好心的照顧下，無花果順利地在寒流中保住了六隻小狗的生命。不知住民是否有想到，將來小狗如果長大，如何處理？

大青魚、三層皮和馬鈴薯集聚在車棚避寒。唯獨小冬瓜依舊徘徊於山頂，像隻冬眠的蛇，繼續趴在土坑。彷彿牠的孩子還在那兒，不願意下山和其他野狗集聚。

無花果生子，小冬瓜哺育小狗後，馬鈴薯（中）轉為較常跟三層皮（左）、大青魚（右）在一起。

中午時，住在榕樹對面社區的一位女士，看到無花果的情形，產生憐憫之心，主動幫無花果洗澡。無花果始終待在榕樹下徘徊不去，或許跟女主人先前的殷勤照顧有關吧，最後迫不得已在附近的草叢生下小狗。無疑地，這戶人家對牠很好，讓牠有安全感。但這一小小的安全感，擋得住外頭的冷漠世界嗎？

除了這位善心女士的協助，路過的人偶爾持保暖的衣物和食物過來。無花果和出生的六隻小狗，繼續受到體貼的照顧。從野狗生活的角度，這種待遇或許已失去適者生存的法則。嚴格說來，對其他附近野狗相當不公平，對六隻小狗也不盡然是好事，因為並非最強壯的小狗生存下來。

從去年七月起，無花果、大青魚和小冬瓜三隻母狗相繼生下小狗，結果除了被抱走的，沒有一隻小狗倖存。相對於這六隻小狗，安然地酣睡窩中，待遇委實有天壤之別。

在寒流之中，小冬瓜經過榕樹下，小腹和肚皮已收縮回去。牠在垃圾場積極地尋找食物，先前小狗死亡的事，似乎拋諸腦後。身為一隻野狗，恐怕也難有長時的低潮，只能儘快度過困頓，迎向未來的日子。牠和馬鈴薯、大青魚碰頭，親切地互聞，享受著溫煦的陽光照射。

大青魚、三層皮和馬鈴薯到小池塘邊巡視。不知為何，馬鈴薯和牠們兩隻吵架。

現在，馬鈴薯可一點都不怕其他兩隻了，雖然大青魚和三層皮還是比牠高大。但馬鈴薯的小腿比往昔粗壯多了，白毛間漸漸夾雜一些暗黃色皮毛。

後來，小冬瓜出現在池塘邊。如今牠只有馬鈴薯一半的體型。牠們四隻悠閒地走逛空地，或許是許久未去，顯得有點生疏。瘋子黑毛和蛋白質繼而出現。自從和蛋白質一起後，瘋子黑毛很少現身垃圾場，彷彿也不認識牠們。牠的眼神，只有蛋白質。

無花果繼續照顧著六隻小狗，附近的路人仍經常插手幫忙，躺臥的小紙箱變成廢棄的大抽屜。這兒好像一個公開的展覽室。每天放學後，不少小學生興奮地過來觀賞，還把便當剩下的飯菜帶來餵食無花果。小狗日漸長大，隻隻肥胖，眼睛張開了，但牙齒尚未長出。

第三七一天

1月

愈來愈多附近的住戶，關心著無花果和六隻小狗的情形。居住的抽屜上方添了遮蓋的木板。牠們獲得像家狗般的待遇，失去做為野狗的考驗。

如此狀態，或許能躲過一場浩劫吧。但一般人對野狗的關懷，往往只是一時的興起，再加上政府相關單位始終缺乏一套處理野狗繁殖的機制。野狗出生的後代，往往變成社區的負擔。久而久之，小狗們難逃被殘害的命運。

第三七八天 1月

無花果的六隻小狗們，開始搖著肥胖的身子走出狗窩，在周遭吃固定食物。但出來的時間不長，隨即回去休息。

或許是天氣變冷，也或許，捉野狗的熱潮過去，巷子周遭很少聽到野狗被捕捉的慘叫聲。連著兩天放晴，馬鈴薯和三層皮、大青魚都在空地晒太陽。冬天時，野狗們多數的時間，彷彿都在晒太陽。如果是一隻家狗，整天的活動是如此重複的行為，那麼，牠的個性也會逐漸消磨，如同一般之毫無特殊個性的野狗。

我們屢屢聽到一些家狗，常有擬人化的不可思議之行為。這種行為的出現，其實要有安心的生活基礎，狗兒才可能有時間和精力去摸索一個生活法則，和主人進行良好的互動。一隻狗的特殊行為，其實也反映了主人的某種性格。質言之，一般之野狗，缺乏家庭的溫暖和安全，整天忙著填飽肚子，又不須和主人互動，這種特殊的行徑就不容易顯現出來。

第三七九天 1月

無花果第一隻出生的小狗已能走到馬路上冒險，也會單獨啃咬骨頭。其他小狗多半在狗窩前趴躺。放學時，附近社區的家長沒事就帶小孩來，觀賞這戶野狗家庭。還有大人以此教導小朋友，如何照顧野狗。

有些人商討好，再過一些時日，準備將小狗帶回去飼養。

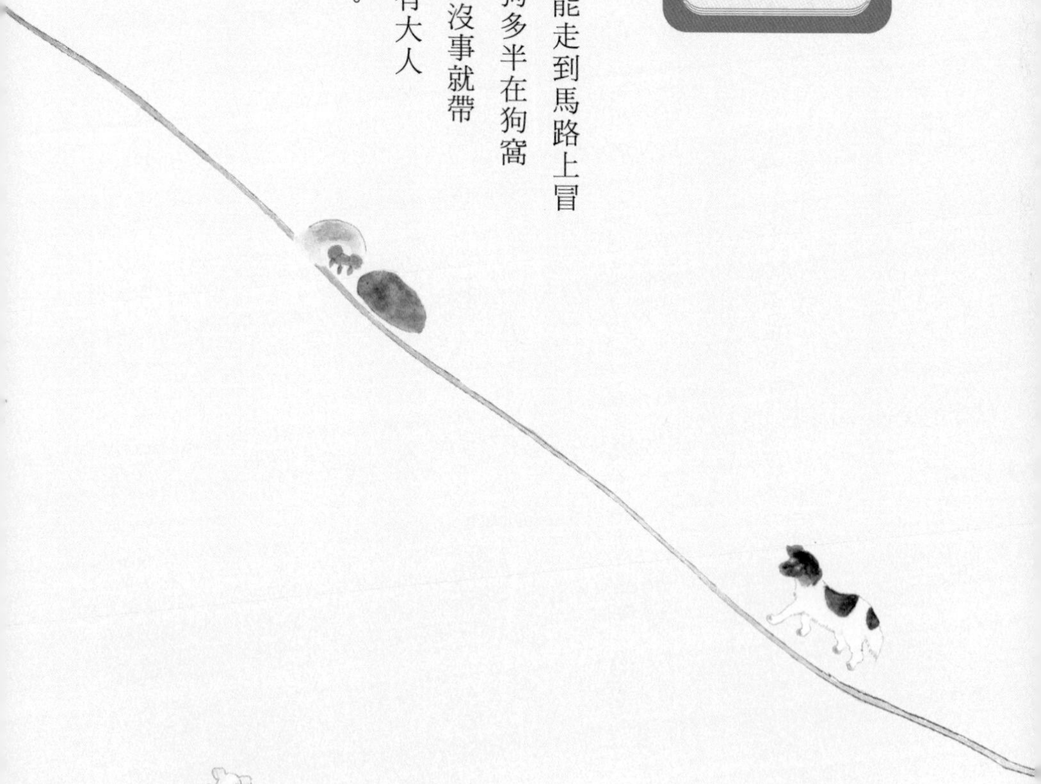

第三八八天
2月

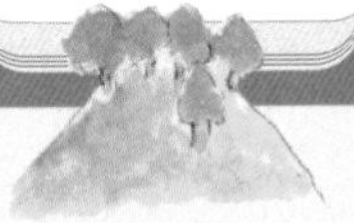

無花果帶著三隻小狗出來，在巷子遊逛。母狗帶小狗的畫面總是最令人憐愛的，但卻不得不嚴肅地思考，車子往來時的安全問題。另外三隻較先出生的已經被抱走。這意味著，留下來的，可能是體力比較弱的三隻。根據小山附近小野狗的生存法則，如果沒有居民的照顧、提供食物，這三隻早已餓死。

不知為何，馬鈴薯和三層皮出現在大馬路邊，對面並沒有野狗。牠們沿著山路，嘗試著往山上繼續跑。這樣的行徑有時真難解釋為何，或許是生活裡閒極無聊，也有可能是潛意識裡，有一種原力，鼓勵著牠們，從事這樣果敢的冒險。而其夥伴，接受了這樣的建議，陪同著前往。猜想那隻帶頭的是馬鈴薯吧。牠們走了好一段路，什麼野狗或家狗都未遇見，只有車子快速衝下山。

三層皮數度停下腳步，但馬鈴薯一直往前。牠不得不再跟上。最後，上抵一處山丘，

有些人在那兒喝茶。一隻大家狗在那兒憩息。牠們互聞了一下，確知彼此都是外來者。

翻過這個鞍部，遠方看似有一個密集的大社區，馬鈴薯很想再繼續往前，三層皮不願意了，於是這趟遠行就如此草率結束。或許，許多野狗在生命裡的旅行，流浪大概就是這般短暫，而非我們浪漫揣想的一二十公里，乃至一兩百公里的移動。若是有這樣漫長的來去，恐怕都是不尋常的野狗。擁有這種壯遊才質的野狗，在過去的農業社會裡比較可能出現吧。現在的工商都會，寸步難行，一隻野狗能活動的範圍大抵就是一個小社區。方圓若有五六百公尺，領域就相當廣大了。

昨天中午，一隻無花果的小狗被急駛而過的車輛撞死。今天又一隻被快速下行的小貨車輾過。這些外來的車子經過巷子時，因為四下無人，速度往往變快。被輾斃的小狗當場血流滿街，一隻眼突露出來。無花果走過去，低嗚了幾聲。

之後，不斷在街上惶恐而慌張地走動，顫抖著，似乎不知如何因應這樣的恐怖局面。接著，牠再回來，舔舐小狗的血，不斷地用舌頭舔撫小狗被輾過的身體，似乎希望牠能活過來。而這也是，牠唯一能做的事。

倖存的暗黃色小狗依舊不知死活地，繞著母親和死去的小狗，在四周蹦跳。

第三九四天
2月

陰雨綿綿，馬鈴薯、三層皮和大青魚大概是餓得受不了，相偕到巷口的垃圾堆覓食。牠們在那兒遇到同樣來找食物的瘋子黑毛和蛋白質。

下午，一隻陌生的狗闖入巷口，大概不尊重蛋白質，突地遭到瘋子黑毛毫無理性的攻擊。這時藍帶剛好放風出來，看到瘋子黑毛如此行徑，自是不敢放肆。但牠抑不住興奮，又奔又跳地朝垃圾場衝去。三層皮一行不想和牠碰頭，走進小山。

藍帶折返，遇見無花果，旁人或以為會發生欺負的行為。藍帶雖不曾見過母狗照顧小狗，似乎懂得這種基本的禮貌吧，竟有些顧忌，安靜地離去了。

第四〇一天

2月

天氣終於放晴，無花果帶著小狗在路邊晒陽光。社區的管理員跟一位路人比手勢，「被撞死兩隻，三隻被抱走，只剩一隻。」

那路人打算領養一隻。他問道，「你猜這隻小狗是公的？還是母的？」

管理員的觀察相當仔細，他篤定地說，「是母的！因為被抱走的都是公的。」

路人仔細看，果真無誤，領養的念頭就放棄了。管理員的話，或許提示了一個過去一直疏忽的重要訊息。野狗為何會增多，有一個很重要的原因也在於，人們怕母狗生小狗，只喜歡養公狗。

第四〇五天 2月

無花果和許久未出來的豆芽菜在大馬路上玩。兩隻狗玩性大發，竟未注意經過的車輛。結果一輛計程車快速經過，兩隻狗衝出時，來不及反應，被嚴重撞傷。

豆芽菜本來就矮，被壓傷了腳，胸部則撞了個正著。再起身走路時，只能用前胸頂著地面，動作一拐一拐，很滑稽的形容。牠勉強地想爬回釣魚池。只是，穿過垃圾場後，就未再出現。很可能，根本走不到釣魚池。釣魚池的主人似乎也忘記牠的存在，以為牠被其他野狗拐跑了。

豆芽菜時而野狗時而家狗的錯亂身分，讓牠的個性明顯地比其他野狗不穩定許多。

當牠是野狗時，生活的無奈和鎮日尋找食物，自是讓牠毫無時間展露性格。等牠成為家狗，食物不虞匱乏時，牠才有腦筋想東想西，煩惱著各種事物。只可惜，到最後，牠還是未獲得主人全然的憐愛和關懷。

無花果屁股撞出血，後來也無法正常行動，都是用一雙前腳慢慢地拖著後腳前進，經過柏油路面時，都會發出沙沙的聲音。那是皮肉和地面磨擦的淒厲聲音。

第四一四天

3月

無花果的傷勢似乎好了許多，只剩下右後腿仍不良於行。牠帶著小狗在木屋附近走動，那隻小狗已經學會主動閃避車子。這是一個很有趣的提示，當一隻小狗懂得避開車子時，似乎比較有機會存活下去。

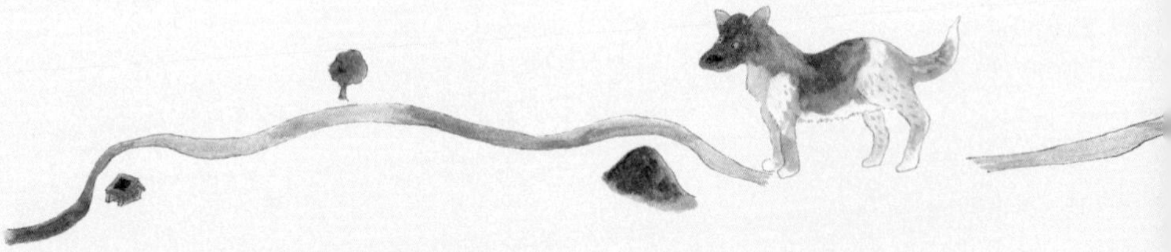

第四二一天

3月

半夜，小冬瓜前往巷口。後面緊跟著一隻大黑狗，嗅聞著牠的屁股。看來小冬瓜可能有假懷孕，或者又再迅速發情的跡象。

第四二二天 3月

無花果和小狗都不見了，狗窩空蕩蕩的。一名社區警衛說，捕狗大隊來過，把牠們捉走了。果然如菜農所料，注定會面臨這個噩運。當初牠來社區前生小狗，主要是有人好心餵食，可是餵食者卻未考慮善後，造成牠賴在這裡。當初如果不餵食，甚至驅離，情形會比今天好多了。

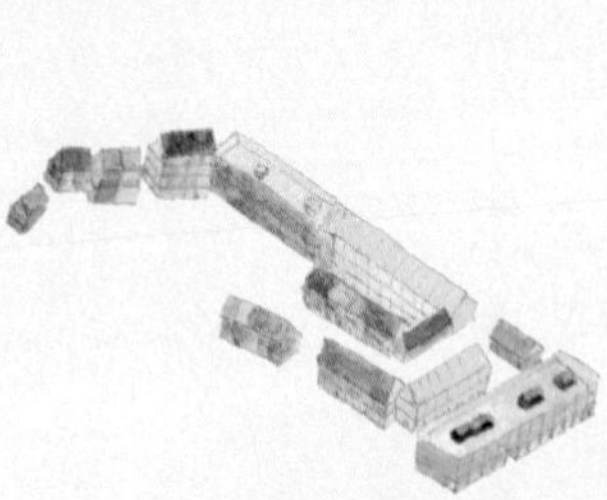

第四二四天
3月

無花果竟出現在社區門口了。怎麼回事呢？原來，牠並不是被捕狗大隊捉走的，而是被一戶人家帶出去旅行，今天才現身，但牠的窩已經被毀。菜農向其吆喝，試著催趕，希望牠遠離這兒。牠卻仰躺著，露出肚腹，一副委屈樣。

牠的孩子呢？據說小狗被人帶回去飼養。其實，那天確實有捕狗大隊出現，但牠們捉走的不是無花果，是大青魚。大青魚看到任何人都會搖尾巴，但那天看到捕狗人，察覺不對勁，嚇得想溜走時，已來不及。牠太接近捕狗大隊，還沒跑幾步，就被捕狗網套住。大青魚體型大，還不容易拖，捕狗人除了用木棍捶打，還在地面拉出長長的掉毛拖痕，迄今地面還殘留著。大青魚遭受這一殘酷的重擊，又蠻橫的一勒，還沒上車即奄奄一息。

第四四〇天

4月

一連幾日陰雨後，終於放晴。油桐花又綻放了，一朵朵花瓣逐次掉落，點綴於山徑和林間的草叢。小冬瓜、馬鈴薯和三層皮集聚一起。這三隻對人充滿疑慮，不易接近的野狗，再度於空地和小山間來回。生活如僧侶的枯燥，卻也平靜無事。

第四五〇天

4月

帶無花果去旅行的人，前些時又好心地帶牠去動物醫院進行結紮手術，兩個星期後才回來。現在，牠的頸部綁了一條皮帶，彷彿成為一隻家狗。或許剛結紮，病懨懨的毫無精神。通常，一隻狗結紮後，多半會失去活潑的個性。

第四五九天

4月

小冬瓜又發情了。早上空地出現了兩隻公狗，緊跟著牠，跑上小山去。這回跟得最緊的是藍帶。狗日子又進入一個過去的循環。一個沉悶而單調的世界。

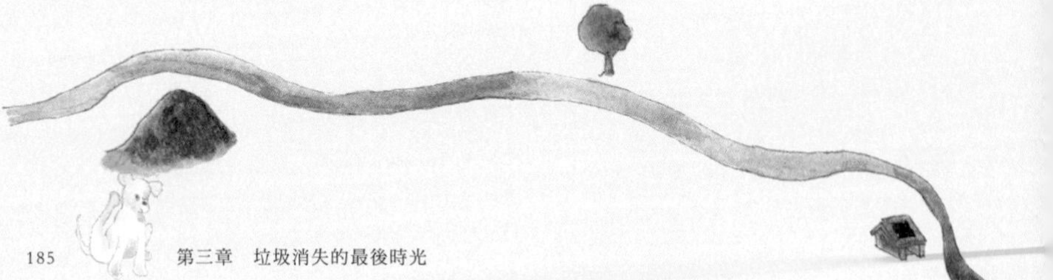

三層皮和馬鈴薯前往空地探視，觀察人類丟棄的廢土，堆如小山高。

第五〇一天 6月

炎炎夏日，小山寧靜，油桐花季接近尾聲了。連著幾個月，都沒有新的野狗或棄狗加入牠們的陣容。瘋子黑毛和蛋白質跑到菜市場遊蕩一陣，又回來了。對蛋白質而言，好像出國度蜜月一般，過去只守在一〇一巷，接觸有限。上回，跟半邊想去菜市場，半途撤回。這回去了菜市場再回來，彷彿完成一個重要的探索。在生活上，似乎更依賴瘋子黑毛。蛋白質也在此時懷孕了。回來後，蛋白質繼續到飲食店要食物吃，瘋子黑毛還是站在對街等候。

第五〇三天 6月

陰雨天，小冬瓜和三層皮、馬鈴薯都躲在車棚下避雨。大概肚子餓了，菜農經過時，三隻都端詳甚久。明顯地，期待菜農丟食物，可牠們畢竟不是棄狗，絕對不會搖尾乞憐。小冬瓜的肚子略為突起。

無花果整日懶洋洋地躺在榕樹下，等著人拿食物放到跟前。牠已經失去一隻野狗的生命力。失去那種隨時都在挨餓，必須不斷蹓躂，尋找食物的自由和慾望。

第五一七天

6月

連續好幾日悶熱的天氣，幾乎不見野狗的蹤影。早晨，一輛挖土機在挖空地的草叢，那兒即將蓋房子。小冬瓜挺著大肚子，遠遠地凝視著，一搖一擺地走回小山去。牠快要生產了。

第五二七天

6月

池塘被廢土掩埋近三分之一，小冬瓜和馬鈴薯都被環境的變化壓迫得有點慌亂。

入夜後，菜農走近小冬瓜，在兩公尺前蹲下來，端詳這隻母狗隆起的肚腹。牠仍趴在原地不走，不像過去。可能以為菜農攜帶的塑膠袋裡有食物吧！菜農起身離去時，牠大聲吠叫，好像在埋怨，沒有給牠食物。

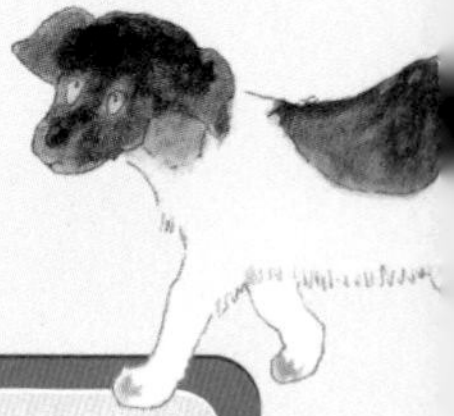

第五三二天 7月

前幾日，蛋白質肚子依舊很大，可能這兩天才生小狗，肚子變小了。最近，牠習慣來到巷口雜貨店，吃老闆餵的食物。牠的乳頭明顯下垂，顯然是生小狗了。老闆似乎清楚這個狀況，除了放置狗食外，靈機一動，還用塑膠袋準備一小包食物，擱在旁邊。

蛋白質在吃飯時，瘋子黑毛繼續站在雜貨店對街的人行道，等候蛋白質出來。一隻家狗接近時，牠靠了過去，似乎不讓其他狗過來干擾。多麼難以想像，這個遊蕩的傢伙竟然變成了盡責的伴侶了，而且在其他野狗交配的場合裡，都不會有牠的身影。

蛋白質吃完飯後，叼著塑膠袋的食物離去，沿著小學校前的人行道，鑽入一處圍籬的小洞，走回操場角落的荒草叢。瘋子黑毛有時會跟著進

去，但多半等在操場外頭。那兒是蛋白質目前的家園，牠的小狗就住在裡面。

小冬瓜來到巷口，肚腹明顯地縮小，顯然也生小狗了。但牠沒有走進雜貨店，只到後面的巷子找食物。沒找到後，迅速地跑回小山。按著過去的老路線，躲入姑婆芋林後，露出頭，遠遠地瞧著四周。確定安全無虞，再如往常，回到山頂附近。

和瘋子黑毛締結良緣，生下小狗不久的蛋白質。

第五三七天 7月

晚上，許久未見的馬鈴薯和三層皮，都在榕樹下現身。

馬鈴薯試著爬上一隻住在公寓大樓的母狗身上，但沒有成功，因為母狗比較高，馬鈴薯腿短。馬鈴薯不斷抽動陰莖，始終無法放入母狗體內。母狗已經結紮好一陣，但仍會發春，只是這時牠毫無興致。

這或許是馬鈴薯初次的交配，尷尬而困惑，還不懂得如何參與交配儀式，或者如何和母狗媾和，更搞不清楚母狗的意願。三層皮都在旁邊看，並未參與，或許早就了然，馬鈴薯正在進行一種愚蠢的行為。

第五四八天

7月

昨天清晨，捕狗大隊來巷口，捉走了兩隻剛出現的野狗。又是一陣淒厲的叫聲迴盪於巷間。馬鈴薯和三層皮嚇得躲回小山。

第五七〇天

8月

菜農在車棚下放了鐵鍋，裡面裝有剩飯，提供給小冬瓜吃。一隻野狗和牠的家人，應該有自己生存的方式。這樣餵食並不盡然允當，反而會害了小冬瓜母子，讓牠們養成依賴性。菜農未等到小冬瓜，試著往山上探看，結果聽到小冬瓜急促地吠叫。抬頭遠望山坡，牠的前方正有三隻小狗努力往上跑。最後都跑到小冬瓜身旁吸奶。三隻可能有一個多月大的健壯小狗。兩隻棕黃色，一隻黑色。

菜農接近時，小冬瓜迅速遠離，三隻小狗分別躲入林子的草叢裡。那兒堆滿人類廢棄的垃圾和廢棄物。又有一隻棕黃色小狗正在嗚叫著，大概是趕不上母狗，心裡慌亂。菜農走過去觀察，牠躲入最隱密的角落，不斷地對他吠叫，像一隻土狼的幼狼。聽到這樣本能而有力的叫聲，讓菜農充滿興奮，感覺一個無比的生命力在茁壯。

後來菜農走下山，卻未發現小狗。可見牠們隱藏得很好。只看到小冬瓜又溜到巷子，不斷對菜農吠叫，彷彿要堅持什麼。

小冬瓜的第四代小狗，沒有皮膚病纏身。

小冬瓜的第四代小狗比前幾代健康活潑。

第五七四天

8月

小冬瓜的窩在小山，瘋子黑毛和蛋白質繼續婦唱夫隨，定居於小學操場。一對野狗若成為固定伴侶，選擇一個地點做為永久領域的慾望，似乎比其他野狗的組合來得強烈。大馬路對面也有一窩野狗。現在是小狗出生的旺季，每年的冬天和這時，似乎是此地兩個繁殖的高潮期。

捕狗大隊不停地捕捉，但被遺棄的和野外出生的野狗不斷地出現，荒謬地成為一種都市的自然平衡。多數野外的中大型哺乳類一年一胎，都在春天時繁殖下一代，狗族生活在城鎮，似乎不按照這個尋常的定律。一年兩胎，說不定是個複雜而充滿生存策略的演化行為。

第五七八天

8月

細雨連綿，空地前幾天開始整地，鎮日有堆土機來回，準備興蓋公寓了。馬鈴薯和三層皮許久未走訪這兒，可能覺得好奇，趁著工人尚未開工，早晨特別過來走逛，在泥濘地上活動了好一陣。牠們試圖從泥濘裡尋找東西吃，結果嗅聞到了工人遺留的飯盒，裡面還有一些剩餘的飯菜。

三層皮的位階雖然比馬鈴薯高，卻很少帶頭，似乎只要有伴就好，對任何事情的興致也較為被動。馬鈴薯仍和小時一樣，充滿好奇和試探的樂趣，經常一馬當先。一隻年輕力壯的公狗，總是充滿無限的精力。

小冬瓜和三隻小狗在車棚下避雨。牠為小狗們舔毛，讓牠們安睡。旁邊則殘存著剩飯的鐵盒。有人來取車時，牠並未起身，或許還會稍有緊張，

但不再像過去那般，迅速遠離。小冬瓜已經慢慢地被飼養成習慣，不再是過去那隻對人類充滿疑慮的野狗。是否小山上的日子太苦，或者是過去的流浪太疲累了，如今縱使危險，寧可選擇在這處食物不虞匱乏的地方？

其中，一隻黑色的小狗，冒著雨跑到草叢裡尋找東西。牠全身濕漉漉地咬了一根骨頭回到車棚。沒多久，兩隻棕黃色的小狗跑過來搶走。黑色的小狗又溜入草叢裡玩耍。小冬瓜幸福地凝望著。這是牠不斷地生小狗以來，最滿足的一天嗎？不用擔心斷糧，小狗都能健壯地活著，除了吃睡，還都能快樂地玩。以前生下的小狗都患了皮膚病，整天都在挨餓，跟死神掙扎。現在是否比較好呢？菜農接近時，小冬瓜起身，搖尾貼近，儼然像隻溫馴的家狗。

許多人在談論寵物時，多半喜愛生動地描述，別家的狗怎樣怎樣，自己的狗又如何如何地擬人化。其實，這些都相當尋常。貓狗和人類一樣，生活在都市文明裡已經異化，出現許多不同於

以往的行為。就像狗本身，雖然在生物學的分類裡，只是狼的某一亞種而已，但在人的飼養、照顧下，已發展出許多不同的類型，什麼牧羊犬、獅子狗、德國狼狗等，再加上人們的各種寵愛、照顧。牠們自然會不斷地改變，適應人類的各種需求。而這種改變，有時連狗專家都不一定能解釋得出理由。狗本身也不斷地在創造新的可能，擬人化的個性，或出現特別的行為，都只是其中一部分。一如人類的多元社會，難免有人猛地出現一些偏差、怪誕的行徑。狗的社會亦然。

最明顯的實例，無疑是蛋白質了。以前在摩托車店時，耀武揚威，彷彿撒野的大小姐，每天悠閒地走逛，到處吠人。現在則像隨時會受到驚嚇的村婦，等著瘋子黑毛的照顧。過去，牠吃慣了狗飼料，對垃圾場的食物，一點也看不上眼，看到小冬瓜等在啃咬雞骨頭，更是嗤之以鼻。成為棄狗時，最初幾日，有人看牠可憐，端碗拌著肉塊的稀飯擺在腳前，牠還搖頭揚尾而去。等到真餓得不行了，才認清事實。現在連飲食店旁邊的餿水桶裡的剩飯餘菜，照樣用腳撥出來，吃得津津有味。甚至也懂得，和巷子裡的商家打交道了。

第五九三天 8月

小冬瓜幾乎都待在車棚下休息，小狗圍繞旁邊活動，每天都在玩樂。似乎忘記小山，不想去懷念過往的苦日子。

三隻小狗常跑到後面林子下的草地探險。牠們咬了樹枝相互追逐。偶爾有人類接近時，牠們慌忙地躲入一處鐵架撐出的沙坑地洞，彷彿土狼般生活。小狗都長大不少，少說有兩個月大，應該可以準備到更遠的地方探險了，像以前的馬鈴薯和小不點。

第六〇一天 9月

清晨，雜貨店店門一開，瘋子黑毛和蛋白質便從小學操場那兒準時到來，小學生也一群群走進學校。瘋子黑毛繼續在人行道上等候，蛋白質單獨進到店裡，吃完老闆給的食物後，再叼著另外打包好的食物，回到小學操場。

三隻小狗跑到籃球場上搖尾巴，迎接蛋白質。很可能，這是蛋白質第二次懷了瘋子黑毛的孩子。兩百多天前，第一次在此哺育時，失敗了。

瘋子黑毛在不遠處觀望，像人類父親那樣的姿勢，凝視著蛋白質和小狗們。也彷彿望著遠方，守望著一切。多麼像電視廣告，人類美麗幸福又和睦的家庭畫面。

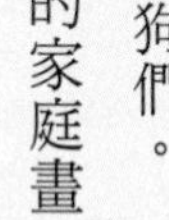

這三隻小狗和小冬瓜的一樣，少說都有兩個月大了。

但不遠的未來，可以想見，一個嚴苛而悲慘的命運在等著牠們。當牠們再長大，隨著母親到巷口過活時，危險就來了。或撞車、或捕狗大隊的拘捕，生存的機率其實相當低微。這是城市棄狗和野狗必然的宿命，跟其他動物在野外的命運一樣。城市郊區是野狗的樂園，也是危險而殘酷的世界。

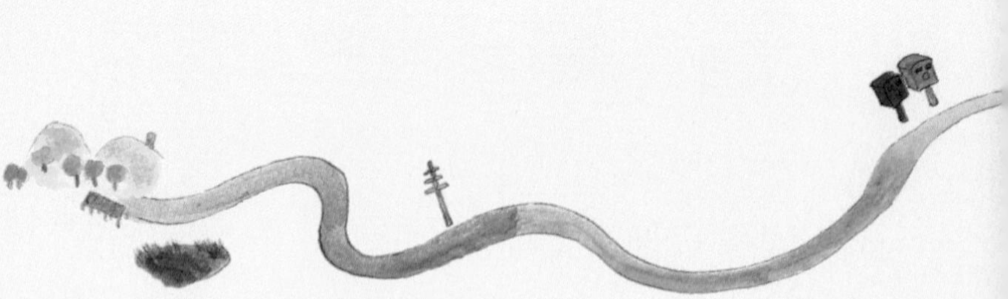

小冬瓜在車棚休息，三隻小狗躲在樹蔭下。牠們顯然已習慣人家的飼養，都被餵得肥肥胖胖的。小冬瓜的眼睛溫馴而美麗，頸項的毛膨鬆而形成肥厚之形。秋天本來就是野狗最美麗的時候，這回再加上有人餵食，原本就有一些腰身，現在更是身材圓滾。這是小冬瓜在小山貧苦生活以來最不愁吃食的時候，卻也是最令人擔憂不已的地方。

當小冬瓜對人類不再有敵意，正意味著野性漸失。幸福嗎？危險嗎？

蛋白質依舊在雜貨店門口等食物，而瘋子黑毛則在對街，

默默地保護著牠。如此堅定的伴侶關係，明顯地，不同於其他野狗群間的分合，不知動物學者將如何解釋這樣擬人化的行為。

在原始時代，人類和狗之間還沒有這樣密切的行為時，一隻公狗在野外，會不會有這種等待母狗獲得食物的行為，或是叼食物回來給母狗？懂得走近雜貨店，其實這已告知，野狗知道裡面有食物可以獲得，而且是某個人給予的。這種行為已經「文明化」了，屬於一個城市的公民行為。野狗是城市的公民，人類思考過這樣的議題嗎？除了人類以外，其他動物算不算城市公民？

在路邊吃食物的蛋白質。

第六〇六天

9月

糟糕的事情發生了。

午後，蛋白質和瘋子黑毛突然出現在大馬路蹓躂，後面尾隨著一隻不知天高地厚的白色小狗。這是過去不曾遇見的景象。

那隻小狗看來懵懂、無知而可憐，只會倉皇地跟著牠們跑。一隻不到三個月的小狗，竟在車輛來往迅速的街道上徘徊，這是多麼危險的事。所幸這時車子已經稀少，車輛遠遠地看得到牠們，主動繞個小彎，就避開了。

牠為什麼會跟在後頭呢？哪有大狗如此帶小狗出來逛

街的？蛋白質沒經驗就算了，難道瘋子黑毛也如此愚笨？

原來，小學操場又繼續在動工，整個操場像犁過田一樣，面貌全變。牠們一定是面臨家園被破壞，一時恐慌，急忙地逃命。小狗也被嚇著，胡亂地跟在後頭，遠離了住處。按常理，一般小狗若不是被驚嚇，這樣的年紀，不可能會跑到街上的。但另外的兩隻小狗呢？是不是死了？蛋白質一家竟落得如此下場，那雜貨店老闆不勝唏噓，卻又無奈地理解，這就是棄狗的必然下場吧。

牠們一家三口平安地過街。瘋子黑毛站在街道上佇立著，想要抗議什麼，卻不知如何表達。又彷彿在觀察四周，但充滿無力感。蛋白質則帶著小狗跑到路旁的車輛底下躲閃，不知何去何從。

第六一三天 9月

昨天，小冬瓜帶小狗們回到小山山頂。牠們快樂地衝在前面。小冬瓜慢跑於後。

小狗們最近常上山，非常熟悉上去的山路。牠們又相當健壯，跑上去時，速度遠比馬鈴薯同齡時快了許多，還會一邊追逐玩耍。但就在中途時，有一隻發出慘叫聲。那慘叫聲，非比尋常的淒厲。小冬瓜趕過去時，只看到一隻小狗倒了下來，脖子地方流著血，全身抽蓄著。牠可能被一條青竹絲之類的毒蛇攻擊了。小冬瓜帶著另外兩隻被驚嚇的小狗狂奔下山。被咬的那隻，未幾便氣絕身亡。

第六一四天
9月

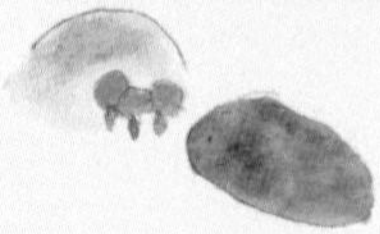

清晨時，小冬瓜帶著兩隻小狗，一黑一黃，出現於空地，姑且稱為古古和黃黃。小冬瓜首次帶牠們出來這個位置遊蕩，並未到車棚。

古古緊跟著小冬瓜，黃黃到處走動。小冬瓜不時停下腳步，等候黃黃跟過來，再一起回到小山。兩隻小狗不僅比馬鈴薯小時健壯，也無皮膚病。

馬鈴薯最近和三層皮都跑到巷子中央的榕樹下，和小溫接觸。小溫是一條母狗，體型接近三層皮。三四個月前，被棄養了，才在這個地方出沒。那時奶頭剛剛縮小，但明顯可看出才餵育過小狗。據說，牠的小狗全給拖走了。馬鈴薯變得不再那麼機警，隨便躺在巷子的角落，展現牠和人的距離，並非如我們想像那麼遙遠。或許野狗在某一程度的親情疏離後，轉而需要接近人類的世界，保持一個溫暖的關係吧。

後來，馬鈴薯打算到菜市場去。上回衝往大馬路的山上，或許是好奇山頭為何有那麼多車下山，這回卻是因為菜市場有一條母狗發情，導致牠興奮異常，不辭辛勞，走到那兒去一親芳澤。

牠先繞過小池塘，抵達了大馬路。不少車輛從山下快速下來。牠沿著大馬路邊走了一小段，感覺沒有車聲時，有些緊張地穿過。走到一半時，未注意到另一邊正有大卡車經過。那大卡車發出震耳欲聾的吼聲，嚇得馬鈴薯拔腿狂奔，也不知如何，竟抵達了通往菜市場的小巷弄。牠再沿巷弄慢慢地小跑過去。

雖說是小巷弄，摩托車和汽車行駛仍比一〇一巷頻繁。馬鈴薯依舊慌張地緊靠著路邊前進。未幾，牠本能地放慢了腳步。也幸虧，牠採取了這個動作。遠方正好出現了一對家狗，馬鈴薯更是不敢造次，低頭垂耳，腳步愈小愈加無力，尾巴也低如後腿的第三隻腳，彷彿是世界上最卑微的狗兒。那對家狗迎上前來，高直地豎尾，前後嗅聞，看牠如此窩囊，不多刁難。只陪牠一小段，就不再尾隨了。

緊接著，牠穿過一處停車場，遇見一群公狗無所事事地圍聚著，便知道抵達現場了。這是牠離開小山最遠的一次，而且沒同伴伴隨。牠突然有種快樂的啟蒙，空氣裡浮滿了許多過去不曾嗅聞的味道，緊張而危險，卻又充滿刺激，好像感覺到另一種可能。不，是很多種可能。那是可以用生命去冒險嘗試的。

第六一五天

9月

小學操場又暫時恢復平靜，瘋子黑毛和蛋白質帶著最後的孩子，悻然地回到那兒。牠們在開闊的操場上徘徊了好一陣。明明窩就在旁邊的電塔角落，但牠們就是遲疑著，不太想進去。似乎那兒有什麼可怕事。到底其他小狗去了哪裡，恐怕牠們也無法知曉。牠們選擇一塊荒廢的籃球場趴躺。下午時，蛋白質來到雜貨店門口，勉強進食，再叼食物回去。小狗就在籃球架旁邊，興奮地吃著。瘋子黑毛在小狗吃食物時，起身繞到另一角落，遠遠地眺望著。

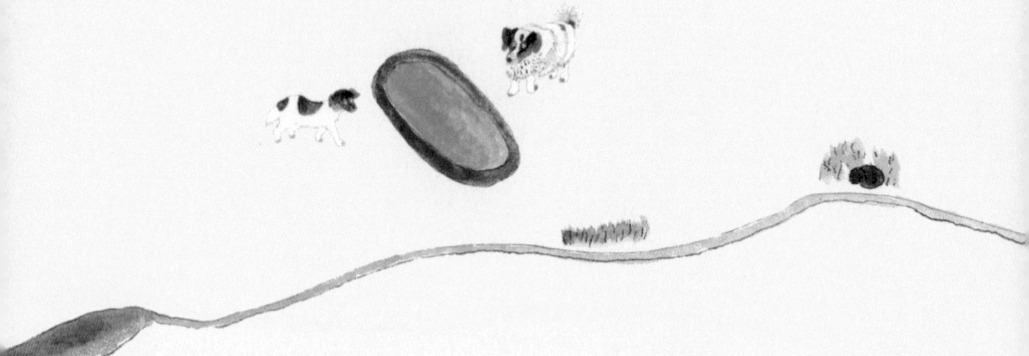

第六一八天

9月

蛋白質和瘋子黑毛來到雜貨店要東西吃時，那隻倖存的小狗活蹦亂跳地跟著出來，彷彿經過這場浩劫後，牠也長大了。這樣的場景是相當溫馨、感人的，但野狗的命運一如其他哺乳類動物，在世界各地遭遇的困境一樣，只是場地換為某個城市而已。試問，在台北，有誰會允許一對野狗，帶著小狗在街道上散步呢？一團隱隱不安的烏雲似乎更為擴大，沉沉地籠罩在這一野狗家庭之上。牠們為何又出現了呢？原來，操場上還是有捷運施工的人員進入裡面勘查。牠們才驚慌地跑出來，到處走動。

昨天晚上，馬鈴薯和三層皮，跟著三四隻公狗集聚在榕樹

蛋白質的某隻小狗，隨牠們溜出來晃蕩。

下。原來，小溫發情了。牠的氣味，吸引了方圓至少半公里的公狗聞味而來，有好幾隻都是牠們不曾見過的。前幾日，馬鈴薯和三層皮近水樓台，提前接近小溫，想必是察覺到了牠的狀況。

早晨，小溫懶洋洋地坐臥在路邊的牆角，旁邊繼續有一群公狗環伺著。各個高舉尾巴，彷彿自己是最尊貴的狗。尾巴那樣挺著，正如人類炫耀著自己手上的鑽石或者昂貴的手錶，展示其身分，希望異性接受牠。

藍帶守得最近，一臉飢不擇食的兇相。緊跟在後的是，那隻久違了的，家有賤狗形容，綽號黑眼圈的白狗。再其次，是一隻黑褐色大狗，大概是遠從山上的社區冒險而來。最後是來自小山的三層皮和馬鈴薯，以及一隻家裡偷偷溜出的狐狸狗，一起趴躺在稍遠的車輛下等待機會。

小溫試著起身，挪動位置，隨即引起公狗的一陣騷動，紛紛靠過來，生怕失去了一親芳澤的機會。但小溫只不過略略起身，隨即就坐下去休息。從這一點動作，還有先前公狗距離牠的位置，其實可看出一些端倪。相信在交配的掌控權上，藍帶地位最高，黑眼圈第二，其他都在牠們之後。馬鈴薯和三層皮明顯地在交配行為裡，一直處於弱勢。但小溫到底要選擇和誰交配，仍是個未知數。牠換個位置後，竟遲遲不起。苦了那些公狗繼續在旁邊等候著，不敢隨便離去。各個生怕喪失了交配和繁衍子孫的機會。

僵持了一段時候，一位路人帶著剩餘的麵包過來，小溫興高采烈地起身覓食。這一起身，遂引發所有公狗的振奮。可是，事情出乎意料之外，爬上小溫身上的公狗，竟是第二順位的黑眼圈。原因為何呢？

原來，藍帶看到那路人在旁邊，似乎有所顧忌。路人餵食時，牠的位置離小溫稍遠了一些。等發覺不對勁時，黑眼圈已經接近小溫，而且爬了上去。藍帶不甘心，衝過去驅趕，馬上成功。但黑眼圈不放棄，再爬上去交配，又輕易地結合一起。很快地，換成屁股對屁股的姿勢。這下就不易驅離了。藍帶有些哀怨，想要再威嚇，但大勢已去。

此後，任憑藍帶如何攻擊黑眼圈，威嚇牠，或發出狺吠聲，把牠嚇到滑落在地。黑眼圈打死都不願意妥協，把陰莖抽離小溫的陰道。三層皮和馬鈴薯走過來，不知是高興或難過，有一種看好戲又有些落寞的心情。而那第三順位的黑褐色大狗，繼續吠叫

黑眼圈（右）和藍帶（中）互不相讓，積極爭取小溫青睞。

小溫懶洋洋地坐在路邊，眾多公狗高豎尾巴圍繞著牠。

三層皮和馬鈴薯（圖中最後兩隻）對小溫（右前）都沒有黑眼圈（左）和藍帶（右後）的猴急和積極，只在遠方觀望。

著，似乎很不滿意眼前的情形。

過了約莫二十分鐘，黑眼圈才把陰莖抽出，完成交配的工作。一灘腥紅的血水半濺半流，灑得滿地。這是母狗交配過程常見的現象。

小溫交配結束，小跑進入小學校園，其他公狗繼續跟著牠到處亂逛。黑眼圈跟著過去，好像仍不滿足。後來，小溫又漫無目的地回到榕樹下休息。藍帶依舊最接近，黑眼圈在後，其他狗躲在附近的車棚繼續守候著。

結紮後的無花果，雖然每天出現，卻彷彿從地球消失般。牠躺在遠方，看到這種儀式，卻視而不見，彷彿那是某種動物的行為，牠是另一種。一隻野狗被結紮，之前又二度失去小狗，生活明顯地缺乏內容。在牠多皺紋的臉上，似乎永遠有「悲哀」兩個字的刺青，刻進皮膚裡面。

黑眼圈達陣了，藍帶應該很不甘願，但是也無可奈何。

第六二〇天

9月

陰雨不斷的清晨，母狗小溫繼續發情，一〇一巷的公狗繼續痴迷，圍繞在她的周遭，徘徊不去。清晨，小溫躲入一間大門敞開的公寓避雨。有些公狗跟著進去，也有的只敢在門外踟躕。這裡便看出野狗和棄狗、家狗之差異。黑眼圈等家狗都大膽地待在裡面，尋找交配的機會。馬鈴薯和三層皮卻猶豫地站在門外。牠們都是小山的野狗，對人類居住的屋子充滿畏懼，自然失去走進公寓的勇氣。

藍帶呢？原本，一直守在小溫旁邊的藍帶，被帶回去，無法出門了。黑眼圈還以為自己是第一順位。但一隻小吃店來的小型臘腸狗，莽撞地衝進去求愛。小溫大概是受不了公狗的追逐，跑了出來。結果在門口，引發了一場風暴。

先是小溫，數度對不知輕重的臘腸狗威嚇。臘腸狗體型比馬鈴薯還小，卻依舊糾纏不停。

藍帶不在，黑眼圈現在可是老大，牠也不斷地對臘腸狗狺吠。臘腸狗還是不理。這可惹毛黑眼圈，展開了猛烈地攻擊。臘腸狗倒地屈服，伺機奔出。這時，一輛車子到來，撞到牠的屁股。牠驚嚇得急忙遠去。慌亂間，馬鈴薯趁機接近小溫，未料藍帶又不知從何地突然出現，把牠們趕入一輛車子底下。

小溫繼續跑，溜到一家新的公寓邊角躲雨。黑眼圈和藍帶興奮地趕了過去。結果，牠們在那兒發生吵架。三層皮伺機接近，成功地和小溫交媾在一起。

中午時，小溫懶洋洋地躺在牆角休息。周遭躺了五隻狗，都疲憊而不放棄地瞇著眼。其中有四隻公狗，依小溫的位置，距離遠近依次為藍帶、黑眼圈、馬鈴薯、臘腸狗。幾乎每隻公狗的陰莖都露出一截紅色的陰頭，顯示著牠們亢奮的交配興致。另外，有一隻肥壯的獅頭狗在旁邊趴著。這隻母狗暗紅的陰部開啟著。她到底在這兒扮演什麼樣的角色呢？猜想是好奇來湊個熱鬧、學習。

行人走過時，馬鈴薯和三層皮都會躲閃，其他幾隻家狗卻一點也不在乎行人。三層皮更是機警，乾脆躲進車輛底下。有一度，小溫站起來。馬鈴薯努力地想爬上小溫，但小溫向牠威嚇。可憐的牠，又失敗了。

第六二四天 10月

接連二三天，小溫旁邊都只剩下馬鈴薯陪伴著，其他公狗都作鳥獸散。幾乎可以確定，牠已經度過了發情期。但馬鈴薯似乎仍搞不清狀況，徘徊不去。

第六二六天

10月

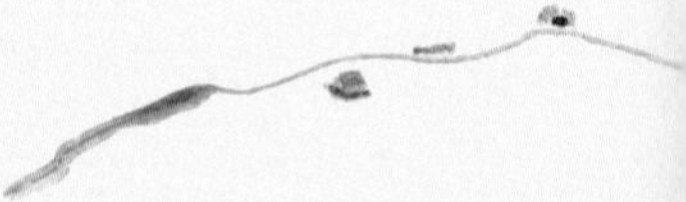

昨天早上，捷運工程的人員再度進入學校，驚出了瘋子黑毛一家。這對夫婦再度帶著小狗衝出一〇一巷。巷口一位正在指揮的交通警察，看到牠們時，隨即揮舞警棍試圖驅離。牠們驚慌地過街，未料跟在後頭的白色小狗來不及跟上，被疾駛而過的汽車硬生生地輾過去。小狗發出幼嫩的慘叫聲。蛋白質和瘋子黑毛不顧周遭車輛的繼續往來，回過頭，待在牠身旁，徘徊不去。蛋白質不斷地嗅聞著小狗毫無動彈的身子，似乎想確定牠是否還有聲息。

野狗關係若緊密，當牠的夥伴或孩子死亡時，牠們往往以不可思議的肢體語言，動人地展現自己的哀傷，猶如詩句形容死亡意象，展現了特別的冷靜肅穆。蛋白質這時的神態和情緒，都讓路人充分感受到這樣的特質。

這時正好是上班時間，經過的車子為了閃避，不得不彎繞。結果，迅即造成大排長龍的堵塞狀況。適才執行驅趕的交通警察，再度跑過來，一腳踢向瘋子黑毛。瘋子黑毛哀嚎一聲。

交通警察再氣沖沖地揮舞警棍，趕走了蛋白質。他順手把小狗的屍體拎起，丟到旁邊的草叢。這對夫婦閃到旁邊，繼續在附近逗留，和警察保持一個適當的安全距離。過了一陣，蛋白質低伏著身子，彷彿很害怕被發現般，溜回到草叢，把小狗叼走。

兩隻狗相伴著，緩緩走到雜貨店。蛋白質將小狗的屍體擱在門口，似乎希望雜貨店老闆，幫忙料理小狗的身後事。只是雜貨店還未開門。一名路人過來，嫌惡地威嚇蛋白質，進而拎起小狗，丟擲到旁邊的大垃圾桶。

蛋白質靠近大垃圾桶嗅聞，悲痛似乎更深了，但我們著實難以體察那種悲傷吧。只見牠回去和瘋子黑毛並肩，傷心地趴躺在對街一輛車子底下，久久未起身。

野狗們當然不可能會料到，早晨的交通壅塞事件，竟遭到民眾的抱怨。一經檢舉捕狗大隊很快出現，而且捕狗者比平常多了好幾人，似乎是有備而來。

捕狗車緩緩駛近巷口時，並未看見蛋白質和瘋子黑毛。捕狗車接著駛進巷子巡邏，在榕樹下，赫然發現了三層皮和馬鈴薯。

三層皮一看到，機警地往巷底奔跑。只是未料到，前方竟有一輛摩托車疾駛而來，與牠擦撞。牠慘然地哀叫一聲，彈到路邊。忙不迭再爬起，但速度慢了。拎著網袋的捕狗人，一步趕上。厚重的粗網從空中罩下，輕鬆地套住牠。捕狗人再雙手一拎，像丟棄貨物般，砰然

一聲，重重地甩入了車箱裡。

三層皮似乎暈眩了一陣，勉強爬起，發現周遭躺了三四隻同類，早都奄奄一息。牠驚慌得想要衝出，捕狗人早就料準這一掙扎動作，一根棍棒伺候在旁。當下就朝牠的頭惡狠狠地揮擊而下。只聽牠痛苦地悶哼，應聲倒地，橫躺在其他野狗身上。一○一巷最機警、頑強的野狗，就這樣悲涼地結束了一生。

馬鈴薯的運氣也未好到哪裡。在三層皮驚慌地奔跑時，牠惶恐地鑽入一處水溝的狹縫，躲在那兒不停地顫抖。但那是個死角，根本沒有出口。捕狗人瞧得仔細，可沒放過這個位置。找到牠後，隨即將棍子伸進去，在黝暗的溝縫裡，不斷地向牠用力戳打，非要把牠趕出來。

那棍子前頭，似乎也裝了釘針之類尖刺的鐵器，戳得牠淒厲地喊叫，痛苦地大聲哀嚎。捕狗人還不斷口出穢語，咒罵著，彷彿有著深仇大恨般。整個場景猶如牢犯在地窖裡，不斷地被一刀一刀地剖肉般，刻意地凌遲著。

任何狗聽了都會顫抖、嚇出尿的。

馬鈴薯終究抵不住這樣的虐待，嗚咽之聲逐漸轉弱，最後竟毫無聲息。捕狗人眼看毫無動靜了，才滿意地放棄攻擊。

但捕狗人的工作還未結束。那捕狗車繼續緩緩往前，最後抵達了垃圾場，刻意熄了火，靜寂地等在那裡。野狗豈知捕狗車的長相。有隻野狗和小溫還以為沒事了，出來透口氣，未料到捕狗車車門迅速開啟，三四個人，衝出來圍堵。小溫和那隻野狗還搞不清楚什麼事，連慘叫聲都未發出，通通應聲入了捕狗網。

小冬瓜和兩隻小狗原本躺在車棚下，聽到馬鈴薯的慘叫聲，早就緊張地起身，豎耳傾聽。牠敏感地帶著兩隻小狗，快速往小山跑，躲入草叢裡。

過去，捕狗人來到巷底，下了車，多半就在垃圾場，很少衝到山上。而且，每次都只有一兩人，在執行任務。這次明顯地不一樣，捕狗人像軍隊般，懷有一個任務目標，非要完成。他們遠眺小山，雖未看到任何野狗，還是快步上山來搜巡。

小冬瓜發覺不對勁，再賣力地往山頭跑。小狗更嚇得起身，緊跟著小冬瓜，但那些捕狗人迅速趕至。沒幾個快步，從草叢裡把兩隻小狗揪出，拎回車子裡。小冬瓜嚇得全身抖顫，頭也不敢回，瘋狂地奔過山頂，又哀嚎著翻滾下山，一直衝到空地才歇腳喘息。

捕狗車駛回巷口時，捕狗人終於發現了，蹲伏在車輛底下的蛋白質和瘋子黑毛。

哀傷欲絕的牠們，根本未注意到捕狗車的接近。等捕狗人下了車，牠們發覺事有蹊蹺，迅即跑回小學操場，但捕狗人翻牆跟了進去。有的拎著大網，有的就用套狗圈和打狗棒，還有一人竟抓著簡陋的鐵絲和木棍出現，並未符合捕狗的規定。

四個人有計畫地從不同的角落，包圍了操場，一步步把牠們圍堵到一個角落。起初，這對夫妻驚慌地狂吠了幾回。瘋子黑毛還帶頭，兇狠地試圖咬捕狗人的大腿，但這樣的抵抗無濟於事。牠轉而得面對最劇烈的報復。這隻善於遊蕩，善於躲藏的野狗，還是抵擋不住棍棒揮舞而下。最後，只剩衰弱而淒厲的抵抗聲，劃破操場的天空。在一旁發抖的蛋白質，一樣遭到粗暴的鐵絲勒頸，倒在瘋子黑毛溢出的血泊中。然後，這對渾身是血的伴侶，都被拖回捕狗車裡，和三層皮堆疊在一起。

冬天的黃昏，天色很快就昏暗了，陰冷的空氣特別肅殺。清冷而灰暗的一〇一巷，甚而有一絲霧濛濛的毛毛雨了。徘徊空地的小冬瓜凝望著

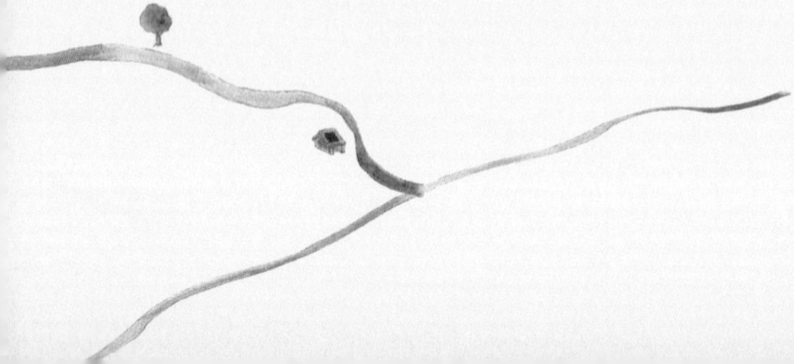

草叢遠方，無助而癡呆地凝望著。許久之後，有一白色身影從草叢逐漸現身，向牠接近。現在任何身影出現，都讓牠心驚肉跳。牠緊張地豎耳，起身，準備逃離。但再定神嗅聞，安心地接近細瞧，竟是滿身汙血的馬鈴薯。

馬鈴薯拐著受傷的右前腳，以及傷痕累累的身子，緩慢而蹣跚地接近空地。小冬瓜主動挨了過去，以臉頰摩挲著牠的頭。進而，不斷地舔舐著身上受傷的部位，試圖讓馬鈴薯安心下來。

馬鈴薯疲憊地蹲下身子，接受了小冬瓜的安撫。閉上眼，趴在地面，彷彿回到了小時候，在小山山頭的時光。許久之後，馬鈴薯闔眼睡著了。小冬瓜才停止這一安撫的動作，就在牠身邊躺下，時間似乎回到了過去。牠們倚偎著，在一處廢棄物上，準備度過漫漫長夜。

六百多天前，小冬瓜一家人曾經來到此過夜，那時還有來不及長大的小不點。馬鈴薯應該還記得，這個遙遠的時日吧。小冬瓜並未熟睡，月光一度明亮，就照在牠們身上，打出奇怪的銀灰色光暈。小冬瓜抬著頭，呆愣地凝望著幽暗的荒野。

第六三〇天 10月

牠們昏沉沉地趴躺，又不知度過了幾日。清晨，小冬瓜醒來時，馬鈴薯已經不見了。牠有著奇怪的預感，馬鈴薯似乎不會再回來，但牠並未起身追趕，只是起身呆愣愣地望著遠方。或許，這就是野狗的道別方式。小冬瓜再望向小山，隱然感覺，馬鈴薯應該是朝那兒走去。

確實，馬鈴薯是朝那兒離去的。牠雖然行動略為遲緩，但已比前幾日受傷時好多了。至少，可以拐著身子，慢慢地爬上小山。油桐又開始落葉了，一片葉子自牠面前寂然掉落。山上是如此冷清安靜，那不過十來公分的葉子跌落地面時，竟發出重重的聲響。

牠踩踏而過，走去垃圾場，希望找到食物，但什麼都未發現。最近幾回在這裡覓食，明顯地都比以前困難許多。只有在夜深時，垃圾車到來，人們取出垃圾傾倒時，牠才有機會，撿拾到一些掉落的。但這也不是馬鈴薯的問題，或是一〇一巷才有的狀況。整個城市正在執行垃圾不落地政策，全城的野狗將遭遇生活在這個城市以來，最艱困的時代。如果垃圾不落地政策實施成功，這個城市將更沒有野狗生存的空間。

二十多年前，在市中心車站的天橋旁邊，還有野狗在街頭遊蕩，一如流浪漢。十幾年前，野狗尚能在城市邊緣的小山、荒地和垃圾場存活。現在垃圾場消失，野狗的生存空間恐怕會更加萎縮。這個城市將只剩下人類、蟑螂、老鼠和人類的寵物——家狗、家貓。沒有人會幫野狗爭取生存的權利。野狗算不算一個城市文明的一份子，還是過時的廢棄物？一〇一巷的野狗當然無法思考這問題，甚至表達自己的生存權利。牠們只是最後一批見證者，殘忍地經歷了這個野狗漂流都市的過程。

馬鈴薯緩慢地穿過熟悉的巷子，抵達巷口。牠感覺，身子似乎又更好了，或者坦白地說吧，應該是更能忍受痛苦了。街道上依舊充滿趕往市區上班的大小車輛，排成長長的車龍，準備穿過一條長長的隧道，到另一頭去。

馬鈴薯站在巷口的人行道上。那兒也是人潮洶湧地走動著。沒有人理睬馬鈴薯，不論學生或上班的人，多半只顧著往前走。有幾次，馬鈴薯差點被踩著，或者踢到肚腹。所幸，牠都機伶地躲閃了。

這時當然不可能有食物出現。兩名交通警察站在那兒吹著哨子，不斷地揮動警示棒，指揮著來往的車輛。多數車子是往隧道那兒去的，另外一個方向則通往大馬路和菜市場。

馬鈴薯遠眺著隧道，有些困惑。要朝那兒去嗎？馬鈴薯其實沒有太多思索，就下定決心。或者，牠隱然知道，唯有這樣試看看了。

總之，原本是絕不可能的，那茫然的方向，今天突地有種魅力，彷彿開闊了起來，或者是，提示了某一個明確的美麗所在。

馬鈴薯忍受著痛苦，在我們難以理解的因由下，朝那兒慢慢地小跑，頭也不回地奔了過去。

馬鈴薯會採取如此違背常情的行徑，在動物的行為其實並非特殊的例

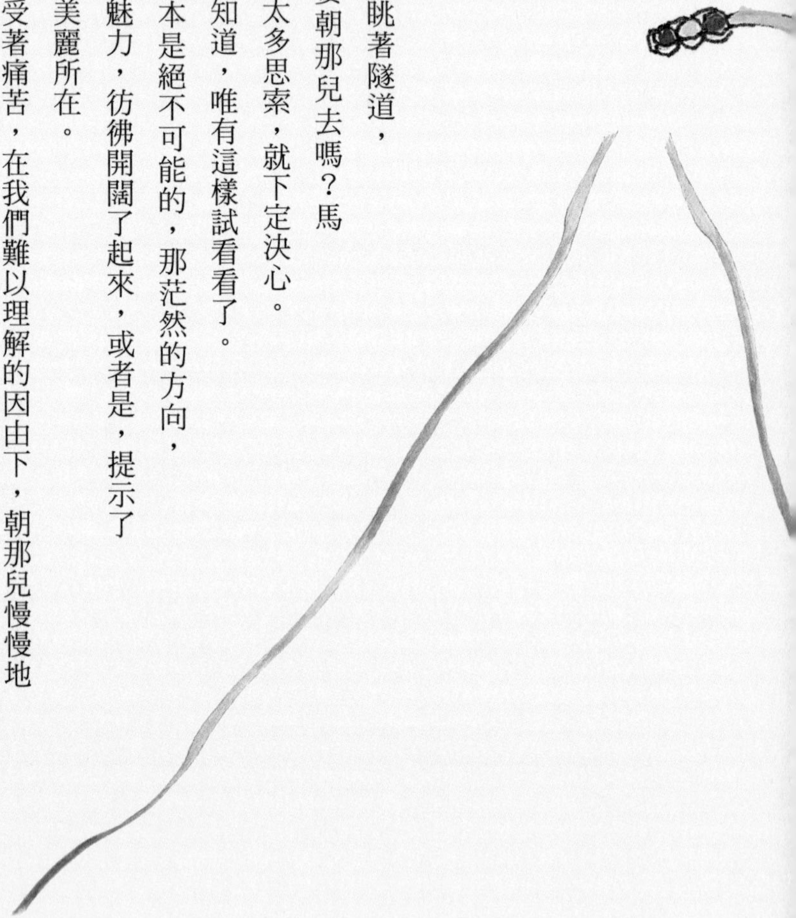

外。許多候鳥就有所謂的迷鳥，原本該在浩瀚的天空裡南北遷徙，卻在不可能的時節，在不應該出現的地方滯留。廣漠的海洋裡，鯨魚偶也如此，莫名其妙地擱淺，或者游入大河裡。野狗自不例外，在某種不明的情況裡，表現出一種違反野狗生活既有的定理。這種冒險，可能來自環境的壓迫和改變，更有可能，來自個性使然。

馬鈴薯就如此地做出了類似的動作。或許，牠不知道自己在追尋什麼，牠只是往前跑，不想待在一〇一巷。牠貼著車輛和摩托車，跑進了隧道。

誠如先前小吃店的常客提過，有些野狗可能嘗試過，但不小心就被急駛而過的車輛撞死，除了以前傳說過的那隻家狗，似乎沒有野狗安然地穿過。

馬鈴薯有這個機會嗎？幸好，洞口堵車了，車輛走走停停，引擎聲和喇叭聲此起彼落。馬鈴薯慢慢地跑著，中途還不時地回頭看，只是不知想看什麼。多數時候，牠凝望著前方，尾巴微垂，耳朵鬆懈。牠嗅聞著另一方洞口的空氣，感覺愈來愈清新。隧道另一邊的亮光，逐漸由一小片緩緩放大。單薄的牠和許多車輛一起往前。

黃昏時，小冬瓜緩慢地經過巷子，未遇見任何一隻野狗。

第六五五天

11月

空地上不止有挖土機在挖土，砂石車也駛進來了。小冬瓜習慣地回到車棚，菜農的鐵盆仍在那兒，早晚都會放一些剩飯剩菜，讓牠吃。小冬瓜偶爾還會踩過油桐枯葉滿地的小徑，走上小山，但已經不到空地，也殊少到巷口了。

有時，牠會不自覺地抬頭，凝望巷口的方向，似乎期盼看到馬鈴薯、三層皮，或者某一隻牠認識的野狗。但牠都未看到，一隻也沒有。二十幾天過去了，整個巷子死寂得很。傍晚時，菜農過去找牠，又倒了一些飯菜。小冬瓜吃完後，趴躺在一角。菜農觀察了許久，接近牠，伸

手摸牠。小冬瓜沒有排斥。牠安靜而乖巧地繼續趴躺著。首次被人撫摸，有些不自在，但漸漸安心了。最後，閉上眼睛。

牠恍然睡著時，感覺頸上好像套了什麼。有點緊張地睜開眼，看到菜農繼續蹲在前面，正用雙手把一張狗牌掛在牠的脖子上。小冬瓜沒有掙扎，安然地接受了垂掛。在菜農離去後，繼續趴在車棚下睡覺。

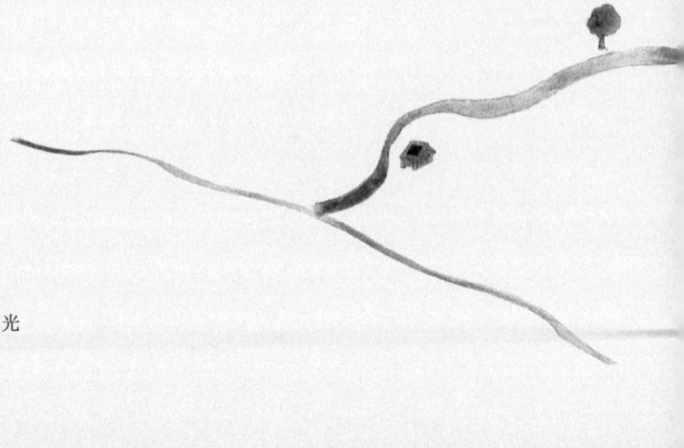

隔年，油桐葉飄落時，小冬瓜再度成為母親，產下了第五代的新生命。

附錄之一

狗大便

還記得，孩子開始獨自走路上小學時，儘管家裡離學校不過三百公尺，我還是很擔心他上學路途的狀況。

有幾次早晨，他出門後，都特別尾隨在後頭，偷偷瞧著。結果，有一回看到，他並未遵照我的囑咐，走在巷弄的紅磚道，居然繞到柏油路去。

此事非同小可，等他放學回來，便迫不及待地追問，「為什麼不聽爸爸的話，走到馬路上？」

結果，孩子理直氣壯地回答，「紅磚道上有狗大便啊！我怕踩到。」

通往學校的巷子以野狗多而出名，路上會有狗大便一點不意外。但我聽了，當下還是很不以為然，馬上就訓斥他，「總不能因為怕踩到大便，就冒險走到馬路上。以

後，你還是要走在紅磚道，小心看地面。」

孩子倒是很聽話，我說過後，不再出現走到馬路上的情形。可是，其他小朋友還是寧願冒險，繞到馬路上。他們的理由，跟我的孩子一樣。

我終於忍不住，跑去學校找老師，解釋如何看待狗大便的問題，我覺得不論自己的孩子，或其他小朋友，都應該再深入認識。我把想法說出，原本希望她能利用上課的時間，講給孩子們聽。但老師知道我喜歡觀察野狗，聽到我提出面對狗大便的方法，大為驚奇。當下便邀我去學校，親自對學童解說。

沒想到，從那次以後，我竟講出樂趣。有陣子，到小學講演自然觀察時，題目多半都跟野狗有關。一談到這個題目，小學生們的興致，往往也比什麼自然課的反應都熱烈。

我到底說了什麼狗大便的事呢？依稀記得，那次利用上課前十五分鐘，在孩子班上講演的內容，大抵如下：

「各位同學，你們有沒有注意到，早上上學時，馬路上總是乾乾淨淨的，一團狗大便也沒有，但是，紅磚道上卻經常發現？」

大家被我這一提醒，馬上點頭，好奇地問道，「為什麼會這樣？」

「因為狗尊重我們啊！」我半開玩笑地說。

這是什麼歪理？同學們當然半信半疑。

我急忙再解釋，「根據我的觀察，狗可能也怕被車子撞到，多半不敢在馬路中央走動。要大便，多半會選擇在馬路邊，尤其是紅磚道上。」

我再提示他們，「你們知道，為什麼狗特別選擇紅磚道嗎？」

同學們搖搖頭。

「因為除了紅磚道，牠們已經沒有別的選擇了啊！在城市，很多地方，連一點草皮都沒有留給牠們。」

頭一次聽到，有人這樣解釋狗大便的委屈，同學們難免疑惑滿肚。

我又耐心地補充道，「假如你家裡有狗，常帶出門活動，就有經驗了。狗一出門，最喜歡往野草地奔去。我如果是一隻狗，一定希望有一塊可以舒服尿尿、大便的草皮或沙土。在紅磚道上，大便不但不自在，又擔心被人打罵。可是，牠又找不到地方。」

同學們聽得有些迷糊。

「人也一樣，假如在郊外，萬一沒有廁所時，讓你選擇馬路和草地大便，你會選擇哪一個位置？」

我這一測試，幾乎所有同學都選擇在草地。

邀請我的老師在旁邊聽了，忍不住插嘴反問，「你講這些，對孩子們遇到狗大便時，並沒有幫助啊？」

我當時用了一個，現在或許會以為很 kuso 的內容回答，「當然有啊，至少以後同學們在紅磚道上看到狗大便時會很同情，知道狗是迫不得已的，不會對牠們產生偏見。」

老師看我眉飛色舞，略帶不解地問道，「你的看法就這樣嗎？」

我繼續一本正經，試圖引發同學對狗大便有所好感，「其實，各位同學或許不知道，狗大便對大自然環境有很多幫助的。如果，這是一個草地環境，或者碎石子的泥土路，別的昆蟲不說，光是糞金龜就會聞香而來，把牠們的大便做成糞球，推回土洞裡，讓後代出生時就有食物吃。不同的環境，就有不同的糞金龜。」

接著，再滔滔不絕地補充，「我知道，同學們最喜歡甲蟲了，如果沒有狗大便，還有不少漂亮或雄壯的甲蟲就會減少，這樣不是太可惜了？」

我又興奮地囉嗦，「當然，還有蠼螋、蟋蟀、蜈蚣和蒼蠅幼蟲之類討厭的昆蟲。總之，狗大便若排泄在適當的位置，像草地、沙堆等場所，都不是件壞事。」

後來，還有一回，我講到這當下時，一位老師反而給了我更新的啟發。那天，

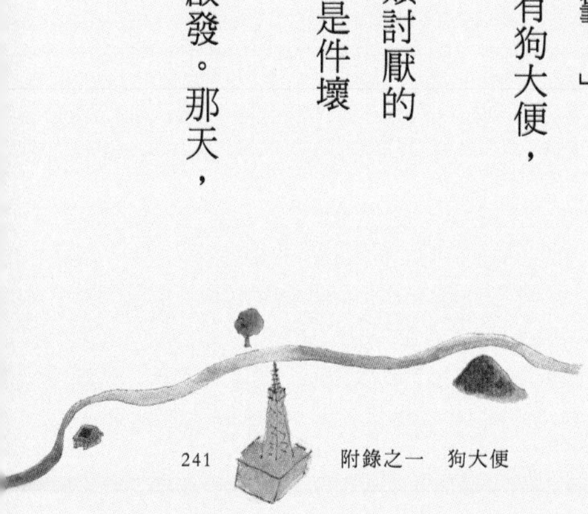

他似乎忘了這是小學生的課，好奇地追問我，「你能提出比較建設性的看法嗎？」

「我們先談家狗好了。或許政府應該撥點經費，做一些跟狗有關的公共建設，比如在人行道旁邊，設立狗大便的箱子，如果有人帶狗出來散步，他們可以把狗大便隨手收拾，投遞到那箱子。香港就是這樣處理狗大便的。」

我在香港街道上散步時，經常看到這種設施。

那位老師聽了，浮現猶未滿意的表情。

我只得繼續暢談自己的經驗，「如果是在郊野的環境，我們還可以修建狗的公共廁所，每隔一段適當的距離，規劃一個沙坑。」

「這個對家狗或許有效，但野狗怎麼可能呢？」

老師頭上似乎有三條黑槓，忍不住再質問，「難道牠們看得懂字，知道如何走到沙坑大便嗎？」

好精明的老師！還好，我對野狗的習性觀察多年，也思索出一些心得。

「這是可以教的。多數野狗並非天生，牠們的前身多半是家狗。飼養的人家，不僅應該教狗在家裡的哪個位置大便，還應該設法教牠們，外出時，最好在沙坑的環境大便。」

我不斷強調，「這是可以教的。狗很聰明。」

老師繼續用全世界最懷疑的眼光看我。但我繼續提出狂想，「人類剛開始也不懂得到廁所大便啊！或許狗需要更長時間的訓練，但何妨試試看。假如很多狗都被成功地教導，如何在沙坑大便，相信牠的子孫也會學習，效仿。久而久之，相信不論是家狗或野狗，到了郊外，都有能力，在適當的位置大便。我們所煩惱的狗大便問題，應該會減輕許多。」

「你真的這麼樂觀？」老師再度質疑。

「嗯，為了生存，生命會調整自己。」

「我覺得應該是反過來，從野狗的角度思考，研究牠們傾向在哪種環境大便，我們再去規劃，符合牠們的需求吧？」這位老師似乎被我激發出不同的靈感。

我低頭沉吟一會兒，尷尬地回答，「嗯，或許你的意見更好。」

附錄之二

狗咬人

上個星期放學，孩子晚回了。我很好奇地問他原因，他說，「紅磚道上有野狗站在那裡，我不敢走過去。」

我安慰他，「傻瓜，野狗不會咬你的。」

「可是，牠都不走啊？」孩子繼續爭辯道。

我只能再次強調，「你放心，只要像平常一樣走過去，絕對沒有問題的。」

孩子的事發生後不久，從報紙上，我看到陽明山上有野狗咬死小牛的消息，還有野狗驚嚇路人的新聞。我被邀請到一些單位演講，提到野狗的可憐，也有不少人持激烈的反應，他們都曾遭遇野狗的欺負。

整體觀之，大家對野狗始終有一個偏見。這個不良的印象，無疑是經由自己的經驗擴大，以及媒體長久以來的宣傳所致。我卻獨以為，整個社會大眾對野狗的誤解，值得再細究。

一來，我始終懷疑，那些遭遇野狗威嚇的人，他們所遇見的是否為真正的野狗，還是寄人籬下的半家狗狀態，尤其是那些沒有掛牌的「假野狗」。二則，一般人對野狗的真正習性並不是很清楚了解，很容易做出錯誤的行為，導致人狗交惡。

我們一直以為許多野狗很兇惡，這種人人都害怕的恐懼症想像，是很本能而原始的。野狗是我們在郊外最常見到，非人類的中大型哺乳類，有時成群結聚，又脫離了人類的某個程度的掌控。如果單獨走在荒野，隨時會被一群野狗攻擊，這樣的陰影難免存在。

但是，我必須提醒，其實，野狗多半很怕人的。很少野狗是從出生便在外流浪，長大而倖存下來，多半是被遺棄在野外生活的。這類野狗先前都已經有過被摯親者遺棄的痛苦經驗。狗的心智忠心而單純，縱使大如秋田犬和狼狗，只要經過這種殘忍的分離，身心所受到的打擊，都和一個孩子感情受挫一樣，長年充滿驚懼。連那些幸運地，能夠在野外從小完全成長的野狗，也會受到其他野狗的挫敗心情影響，彼此相濡以沫。多數的野狗是沒有信心和威嚴的。

如果不信，走在路上，不妨觀察一隻野狗，就會端倪出這種氣氛。牠們多半是低垂著頭和尾巴，眼神更是無精打采。很少野狗會保持挺胸的姿態，鎮日不停地搖擺尾巴，或者高豎如旗，像是被主人牽出來蹓躂的樣子。牠們在走路時，往往是靠邊走，絕不會氣宇軒昂地走在大馬路中央。

多數的野狗看到人，往往避之唯恐不及，絕不會向來者挑釁。不管集聚再多，你只要表現得更為兇狠，牠們很容易就怯場，畢竟身心都曾受過傷害。

家狗（包括住家附近的「假野狗」）就不一樣了，看到陌生人接近，牠會面露兇色，犬牙暴露，惡狠狠地迎向前來。在近郊地區，這樣的家狗更為囂張。更可怕的是，別墅區的家狗常是狼犬、秋田犬、聖伯納之類的大型犬，或者是體型矯健的高砂犬、羅特威爾、鬥牛犬，光是那身形就足以讓人望而怯步。若被攻擊，身上一定掛彩。

在自然教學時，我常告訴小朋友，走在巷內時，經過一樓門口大開的住家，反而要特別小心，說不定裡面有著兇惡的家狗，牠們往往不分青紅皂白，看到人經過，就狂吠咆哮，甚而衝出來嚇人。被這樣的家狗驚嚇、咬傷的人，其實遠比被其他野狗攻擊的次數，多出好幾十倍。

上個星期連著兩天，在台北郊區走動，就遇到兩次野狗的事件，讓我經驗深刻。

第一天，我和朋友到平等里攀爬鵝尾山，沿著內厝溪的小巷前行。附近多為別墅型大屋和三合院老房子。這種環境幾乎都會養狗看守，提防宵小。過了內厝溪，我們就遇到三隻秋田犬。當時是星期一，小路幾無人影。三隻高大的秋田犬看到我們，馬上機警地起身，狂吠不已。一隻秋田犬已經夠嚇人，何況是三隻。所幸，牠們都綁了鐵鍊，想來主人也知道，牠們若未拴綁，恐怕會惹大禍。

我們穿過窄巷時，旁邊的別墅院子裏，還有一對大塊頭的羅威娜，露出犬齒，唾液亂飛，更加兇惡地向我們狂吠。如果不是鐵欄圍住，兩隻大狗早就撲向我們。

走到登山口的三合院時，又有三隻土狗型的家狗出來狂吠。牠們的體型較小，我們自是不在乎。但等下山回來時，登山口還增加了一隻未綁束的秋田犬，體型看來比我這個七十五公斤的人還魁梧。天啊！我們簡直是在過五關，一路遭到嚴酷的盤查和考驗。

怎麼辦呢？所幸，朋友身上還有一些麵包。我們就將這些麵包當作示好的賄賂品，丟給牠們吃。雖然不是每一隻都有興趣，但敵意減輕大半。至少，那隻秋田犬沒有再吭聲，我們才得以安然通過。

第二天，我和朋友再到東湖內溝里探查，半途在一處橋邊，遇到一隻土黃色野狗。我們向牠示好，這隻野狗大概是閒來無事，遂緊跟著我們。經過附近一處三合院時，裡面的家狗衝出來吠叫。這些狗可能都相互熟悉，再者體型都比土黃色的狗小，彼此便相安無事。牠也低著頭，緊跟著我們。

進入山區後，土黃色野狗一直走在我們前面引導，大概是對山區極為熟悉，跑上跑下，時而鑽入草叢，時而衝至前頭探看，頗為自得其樂。我們爬上山頂時，牠坐下來陪我們眺望；我們在湖邊歇息時，牠也在湖畔散步，好像跟我們是熟識許久的好友。

緊接著，我們繼續往更隱密的山區探查時，牠就比較緊張了。起初，牠想帶我們走回繞湖的山路。但我們想繼續往前尋路，穿梭於隱密的森林。結果，原本喜歡走在前頭的牠，這時卻裹足不前了，經常還落到後頭。

一個多小時後，好不容易穿出密林，進入一處柚子林山坡時，牠變得更加畏首畏尾。我正覺得好奇，突然看到一處農舍。此時，農舍傳出狗吠聲。我們不以為意，繼續朝那兒前進。可是，土黃色野狗開始不自在，緊緊貼著我們。

隨即，前方出現一隻黑色的高砂犬和一隻白色家狗。高砂犬的精敏和勇猛雖讓我心驚，但我仗勢著對家狗的經驗，帶頭繼續前行。這時，土黃色野狗，竟怕得趴著我的身子，似乎相當害怕。我從未看過野狗如此膽小。

正疑惑時，農舍院子又出現一隻壯碩身子的黑色大狗，這下我終於明白土黃色野狗怕的是什麼了。

老天！最後出現的黑色大狗，壯若小熊。看來也混雜了秋田犬和高砂犬的血統。牠未吭聲，只是像隻老虎的形容，大搖大擺，毫無忌憚地走了過來，冷冷地注視著我們。高砂犬緊跟在後。我不得不停下腳步，找根棍子和牠們對峙。土黃色野狗則驚恐地退到後頭，躲到朋友腳下去了。

這時，我研判，光是我和朋友兩人通過就是一個麻煩。土黃色野狗可能會是另一個不穩定的炸彈，因為牠闖入了另一群家狗的領域，牠們不可能放過的，而這些家狗又是如此高大而兇惡。

這些家狗和我對峙時，好像也擺明了，人可以過，但這隻野狗得留下來，好好說明事情原委似的。

這時，我們陷入了兩難。總不能拋棄野狗，讓牠獨留在此，見死不救。但是如果強行過去，難保意外不會發生。於是，試著先撤退，走往旁邊的另一條山路。但另一條山路通往山上去，想到之前的辛苦，我們寧可回頭。

怎麼辦呢？後來，只好硬著頭皮，繼續往前，面對剛才的殘忍現實。黑色大狗和高砂犬繼續守在路口。朋友按過去的經驗，掏出午餐孝敬這些家狗。這兩隻看似桀傲不馴的家狗才耳朵放軟，不再怒目瞪視。朋友餵食黑色大狗時，土黃狗也才能貼耳夾尾，低伏著身子通過。

可是，高砂犬並不打算放過牠。看牠如此畏首畏尾，快步跟了過去，攔阻牠。土黃色野狗眼見一時間，去路被擋，嚇得全身尿濕。本能地將身子倒地，貼著芒草叢，表示完全的屈服。然後，再慢慢地，從芒草叢的山坡滑下去。可是，牠未料到，滑下去後，竟是房舍的牆角，高砂犬從另一邊下來，早就等候多時。

野狗的動作也引起了黑色大狗的不快，趕來助陣。接下來，芒草叢裡傳出淒慘的哀嚎。我們知道，

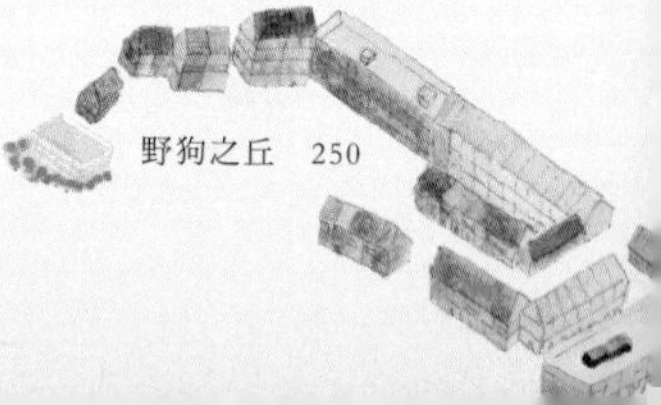

一定是土黃色野狗受到欺侮了，急忙大喊，呼喝。只是，未見成效。幸虧，旁邊農舍的主人聞聲出來幫忙，這才喝止住這群家狗的施暴。

土黃色野狗像一隻被圍捕追殺的狐狸，夾著尾巴，驚恐地小跑離去。距離這個區域很遠很遠，才停下腳步，驚魂未定地站在路口，等我們走出來。

後記

一九九二年初秋，小兒子出生。為了悉心照顧，我暫時擱置了許多遠方探查的旅行，就近在社區旁邊的小山，進行長期的低海拔自然觀察。那時彷彿公務員般，一個星期總有四五天，走進這處緊鄰的山區，觀看一草一木的動靜。

本書野狗們生活的垃圾場就在社區旁。進入小山，勢必得路過那兒。時日久了，牠們的一舉一動自是熟稔。我常帶著小記事本，凡特別的蟲鳥花草，都逐一記錄或素描。有些鳥類家族，還長期追蹤，比如山裡的五色鳥和黑枕藍鶲、池塘邊的翠鳥和小白鷺等。我刻意藉由，長時地坐在一些固定的定點，讓牠們認識我、習慣我。

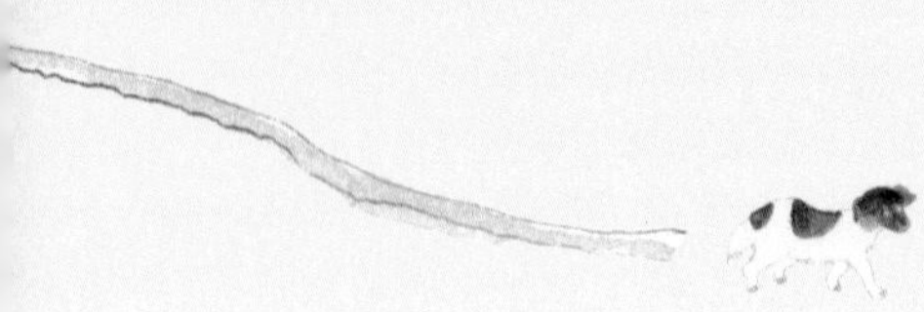

甚至，把我當成一棵樹，一個不會傷害牠們的小山成員。我則透過望遠鏡，安靜地細膩觀察。沒想到，後來觀察野狗們，竟也是這樣的瞭望。

最早和這些野狗們產生互動，並非在垃圾場，而是在上山途中。那時，小冬瓜正好懷孕。接連好幾回，清晨時，我走上山徑，遠遠地，便看到一隻小黃狗迎面而來。可是，再往前幾步，牠就消失於草叢，避開了我。旋即，從後頭竄出，繼續往山下快跑。這個動作吸引了我的好奇，進而觀察到牠在垃圾場，和其他野狗的互動，以及餵食小狗的有趣行徑。

我原本並無觀察野狗的計畫，只是小山的調查，很像和尚在廟寺長年修行，自然物種變化相當單調而緩慢。更何況，小山難有中大型哺乳類出現。甚至小型哺乳類，一些夜深時才到垃圾場活動，跑動快速的老鼠，還有秋天時經常把山路翻鬆，隆出一道小土堤的鼴鼠，都不容易邂逅。只有赤腹松鼠，勉強看到三四隻，在林冠上層覓食，築巢。

長時待在林子裡，眼看毫無任何動靜時，我便將望遠鏡對準野狗，無

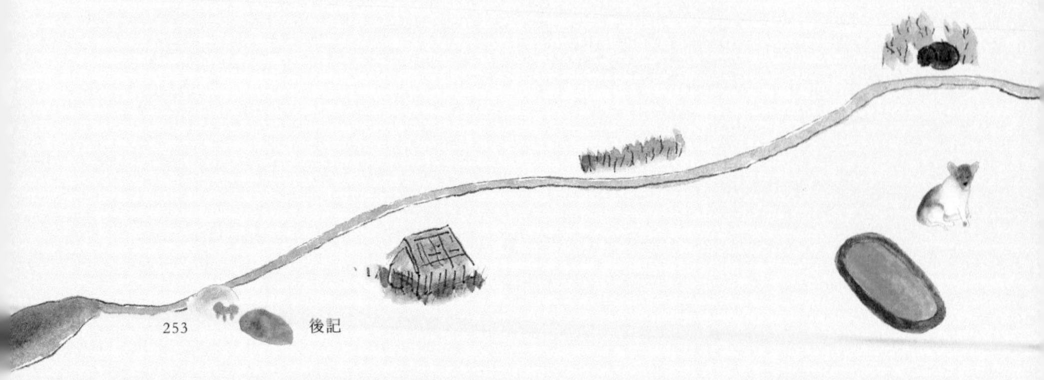

聊地觀察起來。後來，一如想要長期追蹤的鳥類，試著將牠們紛紛取名，在記事本寫下每天的活動內容。沒想到，這一觀察紀錄，竟摸索出樂趣。為了更清楚牠們的生活，我還特別架起單筒望遠鏡，從自家五樓窗口，監看牠們在空地的來去。那幾年，也刻意保持低調，堅守研究者的客觀角色，不和牠們親近，干擾了牠們的生活。

或許是透過這個角色的扮演吧，再經過持續地觀察，我發現了不少野狗的有趣行為，都是過去坊間書籍，以及養狗知識所不曾談論的。由於貼近觀察，更目睹了許多家狗被殘忍遺棄，以及野狗在城市被捕殺的種種暴虐行徑。野狗的心裡想什麼，野狗的權利在哪，一個城市如何對待野狗等等問題，在我的觀察過程裡，不斷地成為思索的重心，也是描述這十幾隻野狗時的論述重點。

本書採用日記體形式，自有其不得不的苦衷。原本，在書寫時，並無意處理成文學創作，只是當作一次城市流浪狗的心得紀錄。再者，當時所觀察的流浪狗數量繁多，來去複雜，甚難處理。在書寫時，不免隨興撰述。未料，十來年後，竟下定心，嘗試著結集成冊。

這等起意，多少是有感於流浪狗的處境，始終未為人所充分理解和認知。於是，乃擷取一完整片段，去蕪存菁，割捨許多枝節的繁瑣過程，方成今日的內容。整個故事裡，部分的篇幅內容並非自己親眼目睹，而是透過社區警衛、學校工友、商店老闆、餐飲店師傅、交通警察，乃至捕狗人的敘述，才能逐一拼圖完成。

每當我發現巷子裡的野狗消失時，總會詢問這些人士，嘗試著把狀況描繪得更完整。基本上，十有八九的內容，按照事實的發展鋪陳。唯有一隻野狗的命運，有感於過度悲涼，特別賦予了一個較為美好的結局。讀者或可猜想，究竟是哪隻？書中的野狗照片，都是使用 105mm 鏡頭，遠距離拍攝，並未刻意餵食，讓牠們接近我。另有附錄兩篇，暢談我對野狗的認知，以及當時在各地小學講演流浪狗的經驗。如此文圖並列，當視為何種文體，自己著實不知如何拿捏。但似乎唯有透過這種呈現方式，才能把我所想要敘述的事物，說得明白。至於，它是報導？還是小說？這等煩惱，只好隨著文章內容的轉折起落，一併丟給學者專家去傷神了。

國家圖書館出版品預行編目（CIP）資料

野狗之丘 / 劉克襄著 .-- 二版 . -- 臺北市 : 遠流 , 2016.07
面； 公分 .--（綠蠹魚叢書 ; YLK97）
ISBN 978-957-32-7858-0（平裝）

1. 犬 2. 通俗作品

437.35 105010398

綠蠹魚叢書 YLK97

野狗之丘

作者／劉克襄
繪圖・攝影／劉克襄
出版四部總編輯暨總監／曾文娟
專案主編／朱惠菁
資深副主編／李麗玲
企劃副主任／王紀友
封面暨內頁視覺設計／黃寶琴・優秀視覺設計

發行人／王榮文
出版發行／遠流出版事業股份有限公司
地址／台北市100南昌路2段81號6樓
客服電話／02-2392-6899
傳真／02-2392-6658　郵撥／0189456-1
著作權顧問／蕭雄淋律師

2016年7月1日　二版一刷
定價 新台幣360元（缺頁或破損的書，請寄回更換）

ISBN 978-957-32-7858-0

遠流博識網
http://www.ylib.com　E-mail ylib@ylib.com

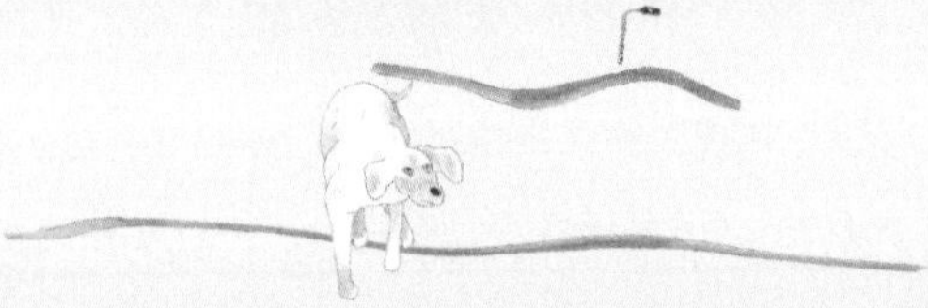